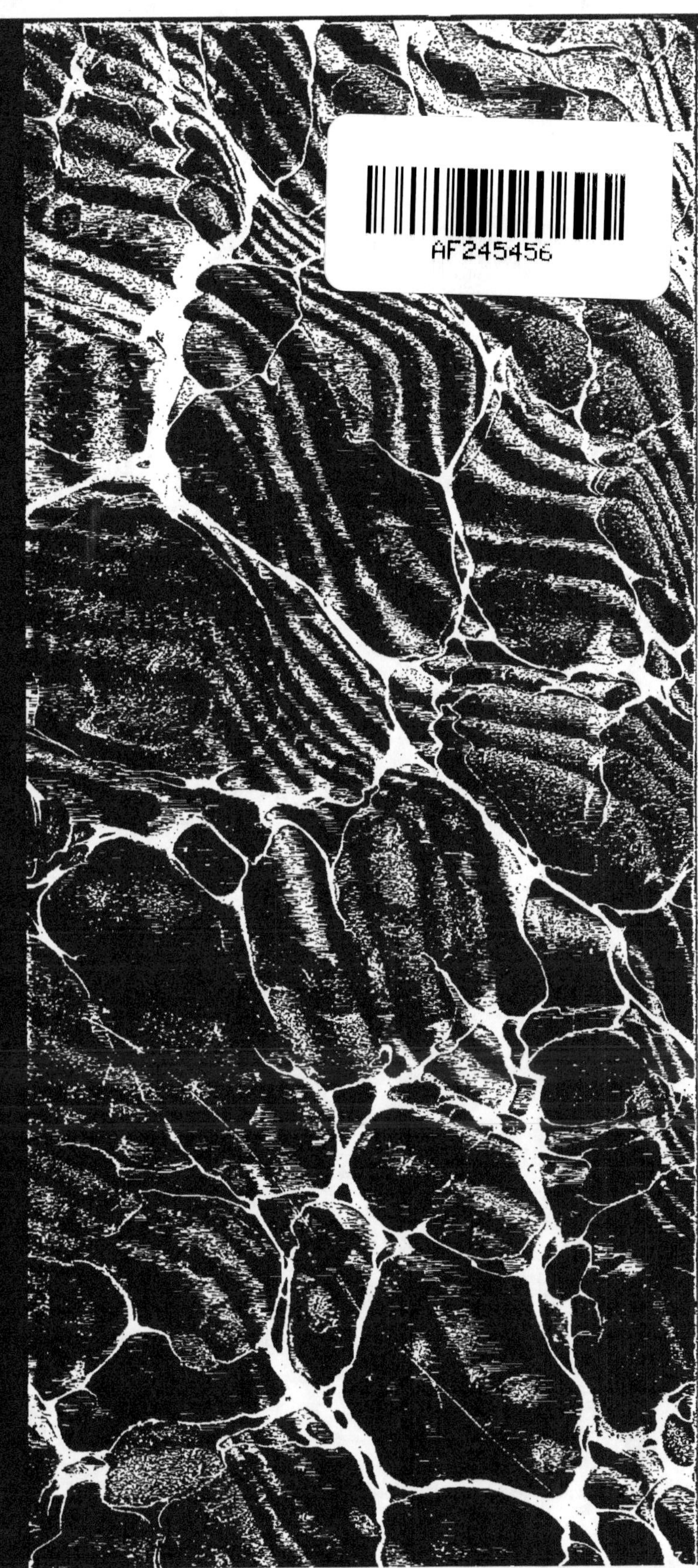

ESQUISSE

DU

SYSTÈME D'ANATOMIE,

DE PHYSIOLOGIE

ET D'HISTOIRE NATURELLE,

PAR OKEN.

A PARIS,

CHEZ BÉCHET JEUNE, LIBRAIRE,

RUE DE L'ÉCOLE DE MÉDECINE, N. 4.

Octobre 1821.

SYSTÈME

D'ANATOMIE

ET

D'HISTOIRE NATURELLE.

La *Nature*, dans son ensemble, doit être considérée comme un corps organique, dont les parties seraient le développement, ou plutôt la *répétition* d'un *seul principe*. Nous essaierons de le prouver par l'exposition de notre système.

Les *animaux* étant postérieurs aux plantes, les *plantes* postérieures aux minéraux, les *minéraux* postérieurs aux élémens, il s'ensuit que les *élémens* sont, au moins pour les minéraux, les plantes et les animaux, le *principe* dont ces corps émanent, dont ils sont le développement dans des degrés divers de modification, ou mieux, dont ils sont la *répétition*, dans l'acception que nous donnons à ce mot, et dont ce qui suit fera saisir la force et la justesse.

Le point de départ pour nous ce sont donc les élémens :

1° Le feu,
2° L'air,
3° L'eau,
4° La terre.

Or, comme nul *Etre* ne peut éprouver de modifications, que par l'influence d'un autre, les élémens n'ont pu en recevoir que par leur influence réciproque, existant seuls primitivement.

La terre est le seul de ces élémens qui soit susceptible de changemens, le feu, l'air et l'eau étant toujours les mêmes ; car les différences qu'on y remarque proviennent visiblement de l'addition de quelque matière terreuse, et non d'un changement essentiel de l'eau, de l'air ou du feu lui-même.

Les changemens que la terre est susceptible d'éprouver, ne peuvent provenir que des trois autres élémens, puisqu'excepté eux, il n'y a rien dans l'univers qui puisse exercer une action quelconque. Le nombre des changemens possibles ne peut donc pas dépasser le nombre de trois.

Quand la terre vient à être modifiée par un des autres élémens, c'est par l'alliage avec ces élémens, que cette modification s'opère. Quand elle s'allie à l'un d'eux, il naît une combinaison binaire ; les corps que constitue cette combinaison s'appellent *Minéraux*. Les minéraux sont donc des corps terreux *bi-élémentaires*. Mais quand les trois élémens planétaires, la terre, l'eau et l'air s'allient ensemble, et qu'ils ne sont influencés que par le feu, ou la lumière et la chaleur, ces corps reçoivent le nom de *plantes*. Les plantes sont donc des corps terreux *tri-élémentaires*.

Quand enfin les quatre élémens se réunissent pour ne former qu'un corps unique, ce corps se nomme *animal*. Les animaux sont donc des corps terreux *quadri-élémentaires*.

Ces élémens et ces alliances de la terre avec les autres élémens, sont connus sous le nom de *Règnes de la nature*. Ces règnes sont donc au nombre de quatre :

1. Le règne *uni-élémentaire*, ou élémentaire ;
2. Le règne *bi-élémentaire*, ou minéral ;
3. Le règne *tri-élémentaire*, ou végétal ;
4. Le règne *quadri-élémentaire*, ou animal.

Les élémens, les minéraux, les plantes et les animaux pris ensemble, forment ce que l'on appelle la *nature*.

La nature est donc composée de quatre grandes masses qui sont :

1° *Les élémens*,
2° *Les minéraux*,
3ᵉ *Les plantes*,
4° *Les animaux*.

I.

ÉLÉMENS.

L'histoire naturelle des élémens est l'objet de la physique et de la chimie. Ils ne nous occupent dans l'histoire naturelle, que pour en tirer les caractères des minéraux, pour expliquer les parties constitutives et les fonctions des plantes et des animaux.

A. Le *Feu* est composé des trois agens :

1. De la *Chaleur*,
2. De la *Lumière*,
3. De la *Pesanteur* ou de la matière primitive nommée *Ether*.

(3)

B. L'*Air* est le feu condensé ; ses parties constitutives correspondent donc aux parties du feu :

1. L'*Azote* (vraisemblablement l'hydrogène oxidé) à la chaleur ;

2. L'*Oxigène* à la lumière ;

3. Le *Carbone* (dans l'acide carbonique) à la pesanteur ou à l'éther ; l'azote y étant en excès, l'air est l'élément *azotique*.

C. L'*Eau* est l'air condensé avec un excès d'oxigène.

1. L'*Hydrogène* correspond à l'azote,

2. L'*Oxigène* à l'oxigène.

3. Le *Carbone*, n'est pas encore démontré. C'est l'élément *oxigénique*.

D. La *Terre* est l'eau condensée avec un excès de carbone.

1. L'hydrogène,

2. L'oxigène et

3. Le carbone sont les parties constitutives des corps terreux, salins, combustibles et métalliques.

La terre est l'élément *carbonique*. —

Les matières *simples*, telles que l'hydrogène (et l'azote ou l'hydrogène oxidé), l'oxigène et le carbone, sont pour les élémens, ce que sont pour les corps organiques les parties ou systèmes anatomiques.

Les différences dans l'élément terrestre proviennent des différentes combinaisons de ces parties anatomiques ou matières simples. Ces combinaisons sont au nombre de quatre:

1. Ou le carbone est pur=*métaux*, plutôt *minerais* ;

2. Ou il est combiné avec l'hydrogène=*combustibles* ou *carbures* ;

3. Ou il est combiné avec l'hydrogène et avec l'oxigène = *sels* ;

4. Ou enfin il est combiné avec l'oxigène seul=*terres*.

1. Les parties des *Minerais* se divisent en quatre sections.

A. *Métaux nobles et fusibles.*

1. Or, 2. Argent, 3. Mercure. Ce sont des métaux purs qui participent de la nature du feu par leur éclat, leur fusibilité et leur pesanteur.

B. *Demi-métaux volatils* : 4. arsenic, 5. tellure, 6. bismuth, 7. zinc. Ce sont des métaux qui participent de la nature de l'air par leur volatilité.

C. *Demi-métaux fixes* : 8. antimoine, 9. cadmium, 10. étain, 11. plomb. Ce sont des métaux qui participent de la nature de l'eau par leur oxidabilité.

D. *Métaux réfractaires :* 12. iridium, 13. rhodium, 14. palladium, 15. platine, 16. cobalt , 17. nickel, 18. cuivre, 19. osmium, 20. molybdène, 21. urane, 22. chrôme, 23.

titane, 24. schéelin, 25. cérérium, 26. manganèse, 27. fer, 28. tantale. Ce sont des métaux qui participent de la nature des terres par leur infusibilité.

II. Les *parties* des *Combustibles* ou *Carbures* se divisent de même en quatre sections.

A. *Combustibles ramollissables , non décomposables* : carbone vraisemblablement sur-hydrogéné, soufre; participent de la nature des métaux.

B. *Combustibles ramollissables, décomposables*: carbone hydrogéné, bitume, naphthe; participent de la nature de l'air.

C. *Combustibles ramollissables, décomposables* : carbone oxidé , succin, huiles grasses; participent de la nature de l'eau.

D. *Combustibles non ramollissables*: carbone presque pur , charbon de terre, anthracite, graphite; participent de la nature des terres.

III. Les *parties* des *Sels* se divisent aussi en quatre sections.

A. Les *alcalis* qui tiennent de la nature des terres.

B. Les *acides* , qui tiennent de la nature de l'eau.

C. Les *sels des végétaux*, tels que le mucilage, le sucre, etc. Ils tiennent de la nature de l'air.

D. Les *sels des animaux*, tels que la gélatine, l'albumine , etc. Ils tiennent de la nature du feu.

A. Les acalis sont formés par les règnes de la nature.

La *soude* et le *lithion* par le règne inorganique;

La *potasse* par le règne végétal;

L'*ammoniac* par le règne animal.

B. Les acides sont formés de même par les règnes. Chaque grande partie du règne inorganique peut se changer en acide.

C'est de l'*éther* ou du feu que naît l'acide *carbonique;*

C'est de l'*air* que naît l'acide *nitrique;*

C'est de l'*eau* que naît l'acide *muriatique;*

C'est des *terres* que naît l'acide *fluorique;*

C'est des *sels* que naît l'acide *boracique;*

C'est des *combustibles* que naît l'acide *sulfurique;*

C'est enfin des *minerais* que naît l'acide *arsenique.*

Les acides des végétaux et des animaux ne sont que la *répétition* de ces *sept* acides inorganiques, qui se correspondent donc mutuellement d'après l'échelle suivante :

Acide carbonique ,	— acétique,	— prussique.
Acide nitrique,	— saccharique,	— saccharo-lactique.
Acide muriatique,	— tartrique,	— lactique.
Acide fluorique,	— malique,	— urique.

Acide boracique,	— gallique,	— sébacique.
Acide sulfurique,	— benzoïque,	—'phosphorique.
Acide arsenique,	— de guède,	— formique.

C. Les sels de végétaux sont :

1. Le mucilage,
2. L'amidon,
3. Le sucre,
4. Le tannin.

D. Les sels des animaux sont :

1. Le mucus,
2. La gélatine,
3. L'albumine,
4. La fibrine.

IV. Les parties des *terres* se divisent enfin aussi en quatre sections.

A. *Terres caustiques* : chaux , baryte , strontiane. Elles tiennent de la nature du feu.

B. *Terres* qui deviennent broyables par le feu : talc, terre d'yttrie. Elles tiennent de la nature de l'air.

C. *Terres* qui s'endurcissent au feu, mais qui se ramollissent à l'eau : argile. Elles tiennent de la nature de l'eau.

D. *Terres* inaltérables : silice, zircone. Ce sont des terres pures qui ne tirent leurs propriétés que de l'élément terrestre.

Voilà toutes les parties ou organes *anatomiques* ou *chimiques* des élémens et des corps terrestres ou des *minéraux*.

II.

MINÉRAUX.

Les minéraux ne sont autre chose que l'*individualisation* de leurs parties ou organes.

Les *minéraux* se divisent d'abord d'après les *élémens* en quatre *classes*, par ex. :

I. CLASSE. Minéraux purement *terreux*,	— *Terres*,	— Min. terriques.
II. CLASSE. Minér. influencés par l'*eau*,	— *Sels*,	— Min. aquatiques.
III. CLASSE. Minér. influencés par l'*air*,	— *Carbures*,	— Min. aériques.
IV. CLASSE. Minér. influencés par le *feu*,	— *Minerais*,	— Min. igniques.

Chaque classe se divise ensuite d'après les quatre classes en quatre *ordres*, par ex. :

I. *Classe. Minéraux terriques.— Terres.*

I. ORDRE. Terres pures.	— *Silices.*
II. ORDRE. Terres influencées par les *sels.*	— *Argiles.*
III. ORDRE. Terres influencées par les *combustibles.*	— *Talcs.*
IV. ORDRE. Terres influencées par les *minerais.*	— *Chaux.*

Chaque ordre se divise ultérieurement d'après les quatre ordres en quatre familles, par ex. :

1. Famille. Silices pures,   — *Quartz.*
2. Famille. Silices argiliques,   — *Zircons.*
3. Famille. Silices talciques,   — *Spinelles.*
4. Famille. Silices calciques,   — *Chrysobérils.*

Les trois autres classes (sels, carbures et minerais), exerçant de même leur influence sur chaque ordre, il en résulte trois familles ultérieures : une famille altérée ou caractérisée par les *sels,* une par les combustibles ou les *carbures,* et une par les métaux ou les *minerais.*

L'influence des *élémens* se répétant sans cesse dans toutes les formations, il en naît encore dans chaque ordre une famille influencée par l'*eau,* une par l'*air,* et une par le *feu;* de sorte que chaque ordre se forme en *dix* familles, par ex. :

Ordre de Silice.

1. Famille. Silices siliciques,   — *Quartz,* silice pure.
2. Famille. Silices argiliques,   — *Zircon,* silice et terre zircone.
3. Famille. Silices talciques,   — *Spinelle,* silice et talc.
4. Famille. Silices calciques,   — *Chrysobéril,* silice et chaux.
5. Famille. Silices saliques,   — *Topaze,* silice et acide fluorique.
6. Famille. Silices carburiques, — *Diamant,* carbone pierreux.
7. Famille. Silices minériques, — *Grenat,* silice et fer.
8. Famille. Silices aquatiques, — *Opale,* silice et eau.
9. Famille. Silices aériques,   — *Tripoli,* silice légère (aérée).
10. Famille. Silices igniques,   — *Obsidienne,* silice fondue.

Cette règle donnée pour l'ordre des silices s'applique à tout autre ordre des quatre classes : d'où il suit que la nature a produit les minéraux d'après des lois constantes et immuables; que leur nombre est un nombre fixe, ainsi que leur place; enfin qu'on ne peut pas fabriquer des familles et des *genres* à bon plaisir.

Les *genres* sont enfin les répétitions des membres précédens; mais comme leur développement scientifique est plus compliqué, nous nous contentons ici de dire que, pour les minéraux terreux, ils sont dirigés par les quatre terres elles-mêmes, de sorte qu'il y a, par ex., pour chaque famille quatre genres :

Un genre *silicique,*
Un genre *argilique,*
Un genre *talcique* et
Un genre *calcique.*

La famille du Quartz, par ex., contient les quatre genres suivans :

1. G. *Quartz silicique* ou pur, comme le *cristal de roche*.

2. G. *Quartz argilique;* silice combiné avec de l'argile, comme dans le *sinople*.

3. G. *Quartz talcique;* silice contenant un peu de talc, comme dans la *prase*.

4. G. *Quartz calcique;* silice contenant un peu de chaux, comme dans le *quartz gras*.

II. *Classe. Minéraux aquatiques. — Sels.*

En excluant ici les sels des règnes organiques, le nombre des sels minéraux se diminue, de sorte que le système ne peut pas être représenté au complet. C'est la raison pourquoi cette classe peut être réduite aux dix familles d'un seul ordre.

1. FAMILLE. Sels siliciques,	— *Cryolithe*, terre fluatée.
2. FAMILLE. Sels argiliques,	— *Alun*, argile sulfaté.
2. FAMILLE. Sels talciques,	— *Sel amer*, talc sulfaté.
4. FAMILLE. Sels calciques,	— *Salpêtre de mur*, chaux nitratée.
5. FAMILLE. Sels saliques,	— *Tincal*, alcali boraté.
6. FAMILLE. Sels carburiques,	— *Sel de Glauber*, alcali sulfaté.
7. FAMILLE. Sels minériques,	— *Vitriol*, métal sulfaté.
8. FAMILLE. Sels aquatiques,	— *Sel culinaire*, alcali muriaté.
9. FAMILLE. Sels aériques,	— *Salpêtre*, alcali nitraté.
10. FAMILLE. Sels igniques,	— *Natron*, alcali carbonaté.

III. *Classe. Minéraux aériques.—Carbures ou combustibles.*

Comme on a exclu de même de la minéralogie les combustibles des règnes organiques, ces minéraux se réduisent aussi à un seul ordre.

1. FAMILLE. Carbures siliciques,	— *Anthracite*.
2. FAMILLE. Carbures argiliques,	— *Charbon de terre*.
3. FAMILLE. Carbures talciques,	— *Jayet*.
4. FAMILLE. Carbures calciques,	— *Charbon de terre brun*.
5. FAMILLE. Carbures saliques,	— *Mellite*.
6. FAMILLE. Carbures carburiques,	— *Pigmens*.
7. FAMILLE. Carbures minériques,	— *Graphite*.
8. FAMILLE. Carbures aquatiques,	— *Succin*.
9. FAMILLE. Carbures aériques,	— *Bitume*.
10. FAMILLE. Carbures igniques,	— *Soufre*.

Les raisons de cet arrangement se présentent d'elles-mêmes.

IV. *Classe. Minéraux igniques.—Minerais.*

Les caractères du feu, ou de la lumière, de la chaleur et de la pesanteur, se répètent dans les métaux dans l'éclat, dans la fusibilité, ou plutôt dans l'apparence d'avoir été coulés, et dans la grande pesanteur.

1. Les métaux influencés par les *terres*, et qui se rapprochent par cette raison des terres, se présentent sous la forme d'oxide ou d'*ocre*.

2. Les métaux altérés par les *sels* sont les métaux salifiés ou combinés avec un acide. Nous les nommons *salures*.

3. Les métaux altérés par les combustibles ou carbures sont les *sulfures*.

4. Les métaux ou les minerais purs sont enfin les *métaux natifs*.

Les ordres et les familles des minerais observant les mêmes lois que les terres, on a

I. ORDRE. Minerais terriques, — *Ocres.*
II. ORDRE. Minerais saliques, — *Salures.*
III. ORDRE. Minerais carburiques, — *Sulfures.*
IV. ORDRE. Minerais minériques, — *Métaux.*

Chaque ordre se divise ensuite dans ses dix familles, de sorte que la classe entière se trouve composée de quarante familles, ainsi que celle des terres, par ex :

Ordre des Ocres.

1. FAMILLE. Ocres siliciques ; combinaisons des oxides avec la terre siliceuse, par exemple, la *Dioptase.*
2. FAMILLE. Ocres argiliques ; oxides avec de l'argile, — *Fer argileux.*
3. FAMILLE. Ocres talciques ; oxides avec du talc, — *Yttro-Tantale.*
4. FAMILLE. Ocres calciques ; oxides avec de la chaux, — *Tungstène.*
5. FAMILLE. Ocres saliques ; oxides avec un peu d'acide, — *Fer des marais.*
6. FAMILLE. Ocres carburiques ; oxides purs et fixes, — *Fer oligiste.*
7. FAMILLE. Ocres minériques ; oxidules, — *Aimant.*
8. FAMILLE. Ocres aquatiques ; oxides hydratés, — *Fer brun.*
9. FAMILLE. Ocres aériques ; oxides volatils, — *de Zinc.*
10. FAMILLE. Ocres igniques ; oxides noirs, — *de Cobalt.*

Cela suffira pour faire comprendre la table ci-jointe, qui contient le système entier de tous les minéraux bien connus.

On doit observer que chaque famille est nommée d'après son genre le plus important ; par ex. : famille du Quartz, du Zircon, du spinelle, du chrysoberil, de la topaze, du diamant, du grenat, de l'opale, du tripoli, de l'obsidienne, etc.

La place n'a permis d'indiquer les noms scientifiques des genres que dans la première colonne. Les lettres Q. a., par ex., qui suivent le n°., signifient *Quartz argilique* ; Z. s. *Zircon silicique* ; S. t. *Spinelle talcique* ; O c. *Opale calcique*, etc.

TABLE DU SYSTÈME DES MINÉRAUX.

Ire CLASSE.

MINÉRAUX TERRIQUES.

TERRES.

Ier ORDRE.	IIe ORDRE.	IIIe ORDRE.	IVe ORDRE.
TERRES TERRIQUES. *Silices.*	**TERRES SALIQUES.** *Argiles.*	**TERRES CARBURIQUES.** *Talcs.*	**TERRES MINÉRIQUES.** *Chaux.*
1er DEGRÉ. *Silices terriques.*	1er DEGRÉ. *Argiles terriques.*	1er DEGRÉ. *Talcs terriques.*	1er DEGRÉ. *Chaux terriques.*
Ire TRIBU. *Silices terriques.*	Ire TRIBU. *Argiles terriques.*	Ire TRIBU. *Talcs terriques.*	Ire TRIBU. *Chaux terriques.*
Ire FAMILLE. *Silices siliciques.*	Ire FAMILLE. *Argiles siliciques.*	Ire FAMILLE. *Talcs siliciques.*	Ire FAMILLE. *Chaux siliciques.*
Genre. Quartz.	1. Triphane.	1. Mica.	1. Meïonite.
Q. a. Sinople.	2. Feldspath.	2. Chlorite.	2. Népheline.
Q. t. Prase.	3. Scapolithe.	3. Talc.	3.
Q. c. Quartz gras.	4. Macle.	4. Lépidolithe.	4.
2e FAMILLE. *Silices argiliques.*	2e FAMILLE. *Argiles argiliques.*	2e FAMILLE. *Talcs argiliques.*	2e FAMILLE. *Chaux argiliques.*
Z. s. Zircon.	1. Saphir.	1. Cyanite.	1. Harmotome.
Z. a. Hyacinthe.	2. Corindon.	2.	2. Stilbite.
Z. talc.	3. Spath adamantin.	3.	3. Laumonite.
Z. calc.	4. Andalusite.	4.	4. Natrolithe.
3e FAMILLE. *Silices talciques.*	3e FAMILLE. *Argiles talciques.*	3e FAMILLE. *Talcs talciques.*	3e FAMILLE. *Chaux talciques.*
S. s. Spinelle.	1. Lazulite.	1. Hypersthène.	1. Prehnite.
S. a. Automolithe.	2. Spath bleu.	2. Diallage.	2.
S. t. Pléonaste.	3. Jade.	3. Bronzite.	3.
S. calc.	4. Haüyne.	4. Anthophyllite.	4.
4e FAMILLE. *Silices calciques.*	4e FAMILLE. *Argiles calciques.*	4e FAMILLE. *Talcs calciques.*	4e FAMILLE. *Chaux calciques.*
Ch. s. Chrysoberil.	1. Épidote.	1. Grammatite.	1. Spath en tables.
Ch. arg.	2. Zoisite.	2.	2. Apophyllite.
Ch. talc.	3. Triclase.	3.	3.
Ch. calc.	4.	4.	4.
TRIBU. 5e FAMILLE. *Silices saliques.*	IIe TRIBU. 5e FAMILLE. *Argiles saliques.*	IIe TRIBU. 5e FAMILLE. *Talcs saliques.*	IIe TRIBU. 5e FAMILLE. *Chaux saliques.*
T. s. Topaze.	1. Sibérite.	1. Amphibole basalt.	1. Dadolithe.
T. a. Pycnite.	2. Rubellite.	2. Amphibole.	2. Botryolithe.
. talc.	3. Tourmaline.	3.	3. Boracite.
T. calc.	4.	4.	4.
e TRIBU. 6e FAMILLE. *Silices carburiques.*	IIIe TRIBU. 6e FAMILLE. *Argiles carburiques.*	IIIe TRIBU. 6e FAMILLE. *Talcs carburiques.*	IIIe TRIBU. 6e FAMILLE. *Chaux carburiques.*
D. s. Diamant.	1. Beril.	1. Actinote.	1. Amphigène.
D. arg.	2. Emeraude.	2.	2. Analcime.
D. talc.	3. Euclase.	3. Asbeste.	3.
D. calc.	4. Dichroite.	4.	4. Chabasie.

IVe TRIBU. 7e FAMILLE.	IVe TRIBU. 7e FAMILLE.	IVe TRIBU. 7e FAMILLE.	IVe TRIBU. 7e FAMILLE
Silices minériques. 1. G. s. Grenat. 2. G. a. Grenat man. 3. G. t. Gadolinite. 4. Gr. calc.	*Argiles minériques.* 1. Idocrase. 2. Axinite. 3. 4. Staurolithe.	*Talcs minériques.* 1. Diopside. 2. Augite. 3. Chrysolithe. 4. Aérolithe.	*Chaux minériques.* 1. Titanite. 2. 3. 4.
IIe DEGRÉ. 8e FAMILLE. *Silices aquatiques.* 1. O. s. Agate. 2. O. a. Jaspe. 3. O. t. Opale. 4. O. c. Turquoise.	IIe DEGRÉ. 8e FAMILLE. *Argiles aquatiques.* 1. Novaculaire. 2. Ardoise. 3. Schiste carbonifère 4. Schiste aluminifère	IIe DEGRÉ. 8e FAMILLE. *Talcs aquatiques.* 1. Nephrite. 2. Agalmatolithe. 3. Stéatite. 4. Serpentine.	IIe DEGRÉ. 8e FAMILL *Chaux aquatiques* 1. 2. Wavellite. 3. Phosphorite. 4. Spath fluor.
IIIe DEGRÉ. 9e FAMILLE. *Silices aériques.* 1. T. s. Quartz vectiq. 2. T. a. Tripoli. 3. T. t. Pimélithe. 4. T. c. Pierre à polir.	IIIe DEGRÉ. 9e FAMILLE. *Argiles aériques.* 1. Pierre argileuse. 2. Glaise. 3. Terre à foulon. 4. Terre jaune.	IIIe DEGRÉ. 9e FAMILLE. *Talcs aériques.* 1. Lithomarge. 2. Savon minéral. 3. Écume de mer. 4. Bol.	IIIe DEGRÉ. 9e FAMILL *Chaux aériques.* 1. Gypse barytiqu 2. Gypse stroniqu 3. Gypse calcique 4. Pharmacolithe.
IVe DEGRÉ. 10e FAMILLE. *Silices igniques.* 1. Pierre de poix. 2. Obsidienne. 3. Pierre perlée. 4. Pierre ponce.	IVe DEGRÉ. 10e FAMILLE. *Argiles igniques.* 1. Lave. 2. Vacke. 3. Pierre aluminif. 4. Aluminite.	IVe DEGRÉ. 10e FAMILLE. *Talcs igniques.* 1. Phonolithe. 2. 3. Basalte. 4.	Ve DEGRÉ. 10e FAMIL *Chaux igniques.* 1. Withérite. 2. Strontianite. 3. Magnésite. 4. Calcaire, Arrag

IIe CLASSE.

MINÉRAUX AQUATIQUES.

SELS.

Ier DEGRÉ.

Sels terriques.
Ire TRIBU.
Sels terriques.

Ire FAMILLE.
Sels siliciques.
1. Cryolithe.

2e FAMILLE.
Sels argiliques.
1. Alun.

3e FAMILLE.
Sels talciques.
1. Sel amer.

4e FAMILLE.
Sels calciques.
1. Salmiac calcaire.
2. Salpêtre de murs.

IIe TRIBU. — 5e FAMILLE.
Sels saliques.
1. Sassolin.
2. Tincal.

IIIe CLASSE.

MINÉRAUX AÉRIQUES.

CARBURES.

Ier DEGRÉ.

Carbures terriques.
Ire TRIBU.
Carbures terriques.

Ire FAMILLE.
Carbures siliciques.
1. Anthracite.

2e FAMILLE.
Carbures argiliques.
1. Houille noire.

3e FAMILLE.
Carbures talciques.
1. Jayet.

4e FAMILLE.
Carbures calciques.
1. Houille brune.
2. Tourbe.

IIe TRIBU. — 5e FAMILLE.
Carbures saliques.
1. Mellite.

<table>
<tr><td>

IIIᵉ TRIBU. — 6ᵉ FAMILLE.
Sels carburiques.
1. Acide sulfurique.
2. Mascagnin.
3. Sel de Glauber.

</td><td>

IIIᵉ TRIBU. — 6ᵉ FAMILLE.
Carbures carburiques.
1. Pigmens.

</td></tr>
<tr><td>

IVᵉ TRIBU. — 7ᵉ TRIBU.
Sels mineriques.
1. Fleurs d'arsenic.
2. Vitriol vert.
3. Vitriol bleu.
4. Vitriol blanc.
5. Vitriol de cobalt.

</td><td>

IVᵉ TRIBU. — 7ᵉ FAMILLE.
Carbures mineriques.
1. Graphite.

</td></tr>
<tr><td>

IIᵉ DEGRÉ.
Sels aquatiques.
8ᵉ FAMILLE.
Sels aquatiques.
2. Salmiac.
2. Sel culinaire.

</td><td>

IIᵉ DEGRÉ.
Carbures aquatiques.
8ᵉ FAMILLE.
Carbures aquatiques.
1. Succin.
2. Rétine-asphalte.

</td></tr>
<tr><td>

IIIᵉ DEGRÉ.
Sels aériques.
9ᵉ FAMILLE.
Sels aériques.
1. Salpêtre.

</td><td>

IIIᵉ DEGRÉ.
Carbures aériques.
9ᵉ FAMILLE.
Carbures aériques.
1. Bitume.

</td></tr>
<tr><td>

IVᵉ DEGRÉ.
Sels igniques.
10ᵉ FAMILLE.
Sels igniques.
1. Acide carbonique.
2. Natron.

</td><td>

IVᵉ DEGRÉ.
Carbures igniques.
10ᵉ FAMILLE.
Carbures igniques.
1. Soufre.
2. Orpiment.

</td></tr>
</table>

IVᵉ CLASSE.

MINERAUX IGNIQUES.

MINERAIS.

Iᵉʳ ORDRE.	IIᵉ ORDRE.	IIIᵉ ORDRE.	IVᵉ ORDRE.
MINERAIS TERRIQUES. *Ocres.*	MINERAIS SALIQUES. *Salures.*	MINERAIS CARBURIQ. *Sulfures.*	MINERAIS MINERIQUES. *Métaux.*
Iᵉʳ DEGRÉ. Ocres terriques. Iʳᵉ TRIBU. Ocres siliciques. Iʳᵉ FAMILLE. Ocres siliciques. 1. Ilvaite. 2. Manganèse rouge. 3. Cérérite. 4. Dioptase.	Iᵉʳ DEGRÉ. Salures terriques. Iʳᵉ TRIBU. Salures terriques. Iʳᵉ FAMILLE. Salures siliciques. 1. Vert de cuivre.	Iᵉʳ DEGRÉ. Sulfures terriques. Iʳᵉ TRIBU. Sulfures terriques. Iʳᵉ FAMILLE. Sulfures siliciques. 1. Zinc sulfuré.	Iᵉʳ DEGRÉ. Métaux terriques. Iʳᵉ TRIBU. Métaux terriques. Iʳᵉ FAMILLE. Métaux siliciques. 1. Tantale.

Ocres	Salures	Sulfures	Métaux
2ᵉ FAMILLE. *Ocres argiliques.* 1. Fer argileux. 2. Fer chromaté.	2ᵉ FAMILLE. *Salures argiliques.* 1. Sphérosidérite.	2ᵉ FAMILLE. *Sulfures argiliques.* 1. Cinabre.	2ᵉ FAMILLE. *Métaux argiliques.* 1. Fer. 2. Manganèse. 3. Cère. 4. Schéelin.
3ᵉ FAMILLE. *Ocres talciques.* 1. Yttro-Tantale.	3ᵉ FAMILLE. *Salures talciques.* 1. Spath perlé. 2. Spath brun.	3ᵉ FAMILLE. *Sulfures talciques.* 1. Antimoine rouge.	3ᵉ FAMILLE. *Métaux talciques.* 1. Titane. 2. Chrôme. 3. Urane.
4ᵉ FAMILLE. *Ocres calciques.* 1. Fer calcifère. 2. Tungstène.	4ᵉ FAMILLE. *Salures talciques.* 1. Spath de fer. 2. Manganèse noir.	4ᵉ FAMILLE. *Sulfures calciques.* 1. Argent rouge.	4ᵉ FAMILLE. *Métaux calciques.* 1. Molybdène. 2. Osmium.
IIᵉ TRIBU. *Ocres satiques.* 5ᵉ FAMILLE. *Ocres satiques.* 1. Fer résinite. 2. Fer de marais.	IIᵉ TRIBU. *Salures satiques.* 5ᵉ FAMILLE. *Salures satiques.* 1. Fer boraté.	IIᵉ TRIBU. *Sulfures satiques.* 5ᵉ FAMILLE. *Sulfures satiques.* 1. Manganèse sulfuré. 2. Molybdène sulfuré. 3. Galène de cuivre.	IIᵉ TRIBU. *Métaux satiques.* 5ᵉ FAMILLE. *Métaux satiques.* 1. Cuivre.
IIIᵉ TRIBU. *Ocres carburiques.* 6ᵉ FAMILLE. *Ocres carburiques.* 1. Oxide de tantale. 2. Fer oligiste. 3. Wolframe. 4. Rutile. 5. Oxide de chrôme. 6. Oxide d'urane. 7. Oxide d'étain.	IIIᵉ TRIBU. *Salures carburiques.* 6ᵉ FAMILLE. *Salures carburiques.* 1. Fer bleu. 2. Mangan. phosph. 3. Cuivre phosphaté. 4. Plomb vert. 5. Vitriol de plomb.	IIIᵉ TRIBU. *Sulfures carburiques.* 6ᵉ FAMILLE. *Sulfures carburiques.* 1. Pyrite de fer. 2. Pyrite de cuivre. 3. Pyrite d'étain.	IIIᵉ TRIBU. *Métaux carburiques.* 6ᵉ FAMILLE. *Métaux carburiques.* 1. Nickel. 2. Cobalt.
IVᵉ TRIBU. *Ocres minériques.* 7ᵉ FAMILLE. *Ocres minériques.* 1. Aimant. 2. Oxidule d'urane. 3. Cuivre rouge.	IVᵉ TRIBU. *Salures minériques.* 7ᵉ FAMILLE. *Salures minériques.* 1. Fer arséniaté. 2. Cuivre arséniaté. 3. Cobalt arséniaté. 4. Plomb arséniaté. 5. Plomb chromaté. 6. Plomb molybdaté.	IVᵉ TRIBU. *Sulfures minériques.* 7ᵉ FAMILLE. *Sulfures minériques.* 1. Cobalt gris. 2. Pyrite d'arsenic. 3. Cuivre gris.	IVᵉ TRIBU. *Métaux minériques.* 7ᵉ FAMILLE. *Métaux minériques.* 1. Platine. 2. Palladium. 3. Rhodium. 4. Iridium.
IIᵉ DEGRÉ. *Ocres aquatiques.* 8ᵉ FAMILLE. *Ocres aquatiques.* 1. Fer brun. 2. Manganèse brun.	IIᵉ DEGRÉ. *Salures aquatiques.* 8ᵉ FAMILLE. *Salures aquatiques.* 1. Fer muriaté. 2. Cuivre muriaté. 3. Plomb muriaté. 4. Mercure muriaté. 5. Argent muriaté.	IIᵉ DEGRÉ. *Sulfures aquatiques.* 8ᵉ FAMILLE. *Sulfures aquatiques.* 1. Galène de plomb.	IIᵉ DEGRÉ. *Métaux aquatiques.* 8ᵉ FAMILLE. *Métaux aquatiques.* 1. Plomb. 2. Étain. 3. Cadmium. 4. Antimoine.
IIIᵉ DEGRÉ. *Ocres aériques.* 9ᵉ FAMILLE. *Ocres aériques.* 1. Oxide d'antimoine. 2. Oxide de zinc. 3. Oxide de bismuth. 4. Oxide d'arsenic.	IIIᵉ DEGRÉ. *Salures aériques.* 9ᵉ FAMILLE. *Salures aériques.* 1. Mercure nitraté.	IIIᵉ DEGRÉ. *Sulfures aériques.* 9ᵉ FAMILLE. *Sulfures aériques.* 1. Antimoine gris. 2. Galène de bismuth.	IIIᵉ DEGRÉ. *Métaux aériques.* 9ᵉ FAMILLE. *Métaux aériques.* 1. Zinc. 2. Bismuth. 3. Tellure. 4. Arsenic.

IVᵉ DEGRÉ.	IVᵉ DEGRÉ.	IVᵉ DEGRÉ.	IVᵉ DEGRÉ.
Ocres igniques.	*Salures igniques.*	*Sulfures igniques.*	*Métaux igniques.*
10ᵉ FAMILLE.	10ᵉ FAMILLE.	10ᵉ FAMILLE.	10ᵉ FAMILLE.
Ocres igniques.	*Salures igniques.*	*Sulfures igniques.*	*Métaux igniques.*
1. Ox. noir de cuivre.	1. Cuivre bleu et vert.	1. Argent sulfuré.	1. Mercure.
2. Ox. n. de nickel.	2. Plomb blanc.		2. Argent.
3. Ox. de cobalt.	3. Calamine.		3. Or.
4. Ox. n. d'argent.	4. Argent carbonaté.		

III.

PLANTES.

Les plantes sont des corps individuels composés des trois élémens planétaires, c'est-à-dire, de terre, d'eau et d'air ; de telle sorte que chaque élément y peut agir librement selon sa nature.

Le règne des plantes n'étant autre chose que le développement individuel des organes de la plante, on connaîtra le véritable système des plantes, quand on aura exposé le système des organes de la plante individuelle.

A. Parties ou organes de la plante.

La plante consiste dans les *parties anatomiques*, dans le pied ou la *souche*, et dans la *fleur* avec le *fruit*.

Rien de si simple que la structure de la plante. Ses parties anatomiques se réduisent à *trois*, et ce sont ces trois parties qui vont former, en s'individualisant, tous les organes.

I. La masse générale de la plante est formée par le *tissu cellulaire*, qui peut être regardé comme l'organe digestif de la plante.

II. Les *intervalles* entre les cellules ordinairement hexagones forment des tuyaux qui s'étendent dans toute la plante et qui conduisent la *séve* par laquelle la plante est nourrie. Ces tuyaux ou *conduits intercellulaires* sont donc pour les plantes ce que sont pour les animaux les vaisseaux sanguins ou les *veines*.

III. On remarque dans le tissu cellulaire de la plupart des plantes d'autres tuyaux qui sont formés par une fibre contournée en spirale, et qui conduisent l'air par toute la plante. Ces tuyaux ou *vaisseaux spiraux* sont donc pour les plantes ce que sont les trachées pour les animaux. On les nomme aussi *trachées* des plantes.

Toutes les autres parties de la plante sont des *métamorphoses* de ces trois systèmes, qu'on peut comprendre sous le nom de *parenchyme* ou de moelle.

(14)

I. Quand le *tissu cellulaire* s'individualise et gagne la pré-
pondérance sur les deux autres systèmes anatomiques, il forme
la *racine*. La racine est donc la répétition du tissu cellulaire,
à un degré plus haut. Ces individualisations des systèmes anatomiques se nomment *organes*. La racine est donc le premier
organe de la plante et le véritable organe digestif, ou l'intestin
de la plante.

II. Les *veines* de la plante, individualisées et devenues le
système dominant, se métamorphosent en *tige*, qui n'est donc
pas une formation *sui generis*, mais la répétition des tuyaux
intercellulaires à un degré plus haut. La tige est le second organe de la plante et son véritable système vasculaire ou san-
guin.

III. Les *trachées* de la plante individualisées et devenues
dominantes sur les deux autres systèmes, sont les *feuilles*. Les
feuilles ne sont qu'une ramification des vaisseaux spiraux, liées
ensemble par une mince lame de tissu cellulaire. Elles forment
le troisième organe de la plante, son organe respiratoire ou ses
poumons. Les feuilles sont les lames branchiales des plantes.

Les organes du pied ou de la souche sont donc aussi au nombre de *trois*; la raison en est claire, c'est que la souche est
la répétition du parenchyme, et ne peut contenir ni plus ni
moins d'organes que le parenchyme ne contient de parties anatomiques.

La fleur est le troisième degré dans la métamorphose de la
plante. Elle est la répétition de la souche.

I. La *semence* répète la *racine*, ou en dernier lieu les cellules. C'est l'embryon ou le fœtus.

II. La *capsule* répète la *tige*, ou les veines. C'est l'organe
femelle.

III. La *corolle* répète enfin les *feuilles*, ou les trachées.

Les *étamines* sont les nervures de feuilles entièrement dé-
tachées de la substance cellulaire, qui est représentée par le
pétale. C'est l'organe mâle.

IV. Le *fruit* enfin est la réunion de ces trois parties de la
fleur.

Toutes les parties et tous les organes de la plante se réduisent donc au nombre de dix :

A. *Parenchyme ou moelle.*

1. *Cellules.*
2. *Veines.*
3. *Trachées.*

B. *Pied ou souche.*

4. *Racine.*
5. *Tige.*
6. *Feuilles.*

C. *Fleur.*

7. *Semence.*
8. *Capsule.*
9. *Corolle.*

D. *Fruit.*

10. *Fruit.*

B. Système des plantes.

Les plantes ne pouvant être que la réalisation individuelle d'un ou de plusieurs organes végétaux, il est clair qu'il doit y avoir autant de classes qu'il y a d'organes, c'est-à-dire, dix.

Les plantes se divisent donc d'abord en trois grandes masses.

A. En plantes représentant le parenchyme ou la *moelle ;* ce sont les *champignons.*

B. En plantes représentant la *souche ;* ce sont les plantes vertes, dans lesquelles il s'est formé une racine, tantôt une tige, et tantôt de véritables feuilles (réticulaires), mais qui manquent des véritables fleurs. Ce sont donc les *acotylédones* vertes, les *monocotylédones*, et les *apétales* des *dicotylédones* ordinairement à sexes séparés.

C. En plantes représentant la *fleur* et le *fruit ;* ce sont tous les *dicotylédones* à corolle parfaite et à parties sexuelles réunies.

Les membres de chacune de ces trois masses se nomment *Classes.*

A. *Plantes à moelle. Les moelliers.*

I *Classe.* Plantes caractérisées par les *cellules, celluliers ;* ce sont les champignons ne consistant qu'en cellules (semences pulvérulentes) ou en filamens simples, tels que, nielle, rouille, moisissure.

II *Classe.* Plantes caractérisées par les *veines, veiniers ;* ce sont les champignons dont les cellules ou filamens sont encore enfermés dans une vessie commune, tels que les vesses-de-loup.

III *Classe.* Plantes caractérisées par les *trachées, trachiers ;* ce sont les champignons à enveloppe triple, c'est-à-dire, dans lesquels les cellules sont entourées d'utricules, qui de leur côté sont renfermés dans une vessie générale, tels que les morilles, les bolets et les agarics.

B. *Plantes à souche. Les souchiers.*

IV *Classe.* Plantes représentant la *racine*, *raciniers;* ce sont des plantes vertes, à racines véritables, mais dépourvues de tige, de vraies feuilles, et surtout de fleurs, telles que les lichens, les mousses, les fougères, et une partie des naïades.

V *Classe.* Plantes représentant la *tige*, *tigiers;* ce sont des plantes à racines et à tiges parfaites, mais dans lesquelles les feuilles conservent aussi la forme de tige, en ce qu'elles sont en forme de gaînes, et que leurs trachées ne se ramifient pas. Les monocotylédones.

VI *Classe.* Plantes représentant les *feuilles*, *feuilliers;* ce sont des plantes à racines, à tiges et à feuilles parfaites, c'est-à-dire, à feuilles *réticulaires*, et par conséquent des plantes dicotylédones, mais dont les fleurs ne se trouvent développées qu'incomplétement, en ce qu'elles manquent de pétales, et que les sexes sont ordinairement séparés. Ce sont les arroches, les orties, conifères, amentacées, euphorbes, cucurbitacées, thymélées et les lauriers.

C. *Plantes à fleur. Les fleuriers.*

VII *Classe.* Plantes à *semences*, *semenciers;* dicotylédones qui les premières portent de véritables corolles, et dont les sexes sont réunis; mais les semences sont *nues* ou sans capsule, et les corolles sont insérées à leur sommet, ce qu'on nomme fleurs *épigynes*. Ici se rangent toutes les plantes dicotylédones épigynes, ou à semences nues, telles que les composées, les ombellifères, les rubiacées et les caprifoliacées.

VIII *Classe.* Plantes à *capsule*, *capsuliers;* dicotylédones à semences couvertes et à corolle monopétale insérée au-dessous de la capsule, ou quelquefois sur le calice (hypogyne ou périgyne). Ce sont toutes les monopétales qui ne se trouvent pas dans la classe précédente, telles que les primulacées, les personnées, solanées, labiées, borraginées, gentianées, campanulacées, éricacées, etc.

IX *Classe.* Plantes à *corolle*, *corolliers;* dicotylédones à corolle polypétale insérée sur le calice, ou périgyne : caryophyllées, saxifrages, plantes grasses, épilobes, salicaires, papilionacées, térébinthacées, nerpruns, rosacées et myrtes.

X *Classe.* Plantes à *fruit, fruitiers;* dicotylédones à corolle polypétale insérée sous le fruit, ou hypogyne. Crucifères, ranunculacées, papavéracées, rutacées, malvacées, tiliacées, malpighiacées, etc., orangers, guttifères et magnoliers.

Les classes sont donc les suivantes :

I	Classe.	*Celluliers;*	Rouilles.
II	Classe.	*Veiniers;*	Vesses.
III	Classe.	*Trachiers;*	Morilles.
IV	Classe.	*Raciniers;*	Acotylédones.
V	Classe.	*Tigiers;*	Monocotylédones.
VI	Classe.	*Feuilliers;*	Apétales.
VII	Classe.	*Semenciers;*	Epigynes.
VIII	Classe.	*Capsuliers;*	Monopétales.
IX	Classe.	*Corolliers;*	Polypétales périgynes.
X	Classe.	*Fruitiers;*	Polypétales hypogynes.

Ordres des Plantes.

Après les Classes viennent les Ordres. Ce sont les grands membres de la plante qui déterminent les Ordres. Il y a:

1. Un Ordre à moelle,
2. Un Ordre à souche.
3. Un Ordre à fleur,
4. Un Ordre à fruit.

La raison en est bien claire. Dans chaque plante existe la tendance à produire des organes plus élevés. Une plante, p. e., qui n'est composée que de la racine , cherchera à pousser une tige, puis des feuilles, etc. Quand elle n'a pas assez de force pour s'épanouir en feuilles réticulaires , on dira qu'elle s'est arrêtée à la tige , ou qu'elle est une plante *tigière.* Toutes les plantes, à l'exception des inférieures, parcourent cette échelle, et se distinguent les unes des autres d'après le degré sur lequel elles sont parvenues à s'élever. Les plantes tigières ou les monocotylédones, p. e., commencent par le parenchyme ou la moelle , et ce sont les plantes inférieures de cette Classe représentant les monocotylédones à moelle. Puis il en vient d'autres qui ont réussi à produire un pied ou une souche parfaite, c'est-à-dire une véritable racine, une tige élevée, des feuilles moins en forme de gaîne et plus réticulées. Ce sont les plantes moyennes de cette Classe, ou les monocotylédones à souche. Enfin il est des monocotylédones qui empiètent sur les autres par la perfection des fleurs et du fruit et qui sont les supérieures constituant les monocotylédones à fleur ou à fruit.

(18)

Dans les *trois classes inférieures*, ou dans les *champignons*, qui manquent de souche et de fleur, ces ordres manquent naturellement de même. Chaque classe ne vaut donc plus qu'un ordre. Il n'y a pas de champignons à feuille, à corolle, etc.

4. Les *Raciniers* ou acotylédones vertes qui manquent de fleurs, manquent naturellement aussi de l'ordre des fleurs, mais ils s'élèvent à l'ordre de la souche, et se divisent par conséquent en deux ordres.

I Ordre. *Raciniers à moelle.* Les corolles, les feuilles et les tiges manquent. Telles sont les lichens, les conferves, etc.

II Ordre. *Raciniers à souche.* Les tiges et les feuilles paraissent, mais ordinairement sans vaisseaux spiraux, les semences sont couvertes, point de parties sexuelles. Telles sont les mousses et les fougères.

5. Les *Tigiers* ou monocotylédones ayant des fleurs et des parties sexuelles ont aussi tous les ordres.

I Ordre. *Tigiers à moelle.* Les corolles sont caliciformes et hypogynes, les semences nues, les feuilles à vaisseaux spiraux parallèles et tigiformes, ou entièrement vaginiformes, les tiges creuses. Ce sont les graminées.

II Ordre. *Tigiers à souche.* Les corolles paraissent, et sont périgynes, les semences couvertes, les feuilles à peine vaginiformes, les tiges solides. Les iridées et les liliacées.

III Ordre. *Tigiers à fleur.* Les corolles sont parfaites et épigynes, les semences renfermées dans des capsules. Les nymphées, les orchidées et les bananes.

IV Ordre. *Tigiers à fruit.* De même portant des fruits mangeables sur des arbres. Les palmiers.

6. Les *Feuilliers* ou apétales ont de véritables feuilles à nervures réticulées, mais point de corolles.

I Ordre. *Feuilliers à moelle.* Herbes chétives, à tige noueuse, à fleurs hypogynes et périgynes, les semences ordinairement nues. Les polygonées, les arroches, amaranthes, plantains, etc.

II Ordre. *Feuilliers à souche.* Herbes ou arbres à fleurs diclines et hypogynes en chatons ou cônes. Les orties, conifères et amentacées.

III Ordre. *Feuilliers à fleur.* Herbes et arbres à fleurs corolliformes et hypogynes, ordinairement quaternaires. Euphorbes, cucurbitacées, thymélées et protées.

IV Ordre. *Feuilliers à fruit*; arbres à fleurs corolliformes périgynes, hermaphodites et senaires. Les lauriers.

7. Les *Semenciers* ou à semences nues ont des véritables corolles hermaphrodites et épigynes, les semences nues ou en baies.

I Ordre. *Semenciers à moelle* ; herbes à fleurs monopétales et composées, les semences simples et nues. Les composées.

II Ordre. *Semenciers à souche* ; corolles pentapétales, semences binaires. Les ombellifères.

III Ordre. *Semenciers à fleur* ; corolles quadrifides, semences ou capsules binaires. Les rubiacées.

IV Ordre. *Semenciers à fruit* ; corolles quinquefides, baies. Les caprifoliées et les vignes.

8. Les *Capsuliers* ou les monopétales à semences couvertes ont des corolles monopétales hypogynes et périgynes, et des capsules ou follicules.

I Ordre. *Capsuliers à moelle* ; les semences attachées à un réceptacle central, capsule unique, corolle hypogyne à cinq étamines, dont l'impaire souvent avortée. Primulacées, personnées, solanées, gatiliers.

II Ordre. *Capsuliers à souche* ; de même, les capsules binaires. Labiées, borraginées, gentianees et apocynées.

III Ordre. *Capsuliers à fleur* ; capsules ternaires ou triloculaires, corolle ordinairement périgyne, quin-et quaternaire. Convolvulacées, campanulacées et éricacées.

IV Ordre. *Capsuliers à fruit* ; arbrisseaux et arbres à fruits charnus, oligospermes, et à corolles partites périgynes. Plaqueminiers et sapotilliers.

9. Les *Corolliers* ou les polypétales périgynes sont ordinairement pentapétales, et produisent des capsules, des légumes et quelques fruits charnus.

I Ordre. *Corolliers à moelle* ; herbes à corolles penta-et tétrapétales ordinairement staminifères et à plusieurs capsules ou follicules. Caryophyllées, saxifrages, plantes grasses, épilobes, salicaires et mélastomes.

II Ordre. *Corolliers à souche* ; herbes, arbustes et arbres à corolles papilionacées non staminifères et à légumes. Les papilionacées.

III Ordre. *Corolliers à fleur* ; arbres à corolles pentapétales régulières non staminifères, produisant ordinairement des fruits charnus, étamines définies. Térébinthacées, nerpruns et rosacées.

IV Ordre. *Corolliers à fruit* ; de même, étamines indéfinies. Les myrtes.

10. Les *Fruitiers* ou polypétales hypogynes ont des corolles penta-tetra-et hexapétales, et produisent toutes les formes de capsules, siliques, mais ordinairement des fruits charnus et mangeables.

I Ordre. *Fruitier à moelle* ; herbes avec des corolles pentapétales à étamines libres et indéfinies, ou à corolles tétra pétales à six étamines inégales, à follicules, capsules et siliques. Crucifères, ranunculacées et papavéracées.

II Ordre. *Fruitiers à souche;* herbes et arbres avec des corolles pentapétales, à capsules ordinairement quinqueloculaires, étamines libres au nombre de dix ou indéfini, ou connées à plusieurs styles. Rutacées, malvacées et tiliacées.

III Ordre. *Fruitiers à fleur;* arbres avec des corolles tétra-et pentapétales, ordinairement à fruits charnus triloculaires, et à étamines nombreuses connées. Erables, malpighiacées, savonniers, orangers, méliacées et guttifères.

IV Ordre. *Fruitiers à fruit;* arbres avec des corolles polypétales senaires à étamines et styles nombreux et à fruits composés. Ménispermes, magnoliers et annones.

Tribus des Plantes.

On comprend facilement que chacun des trois premiers ordres se divise en trois sections nommées *Tribus.*

Les *Tribus* sont la répétition des organes de la plante dans chaque classe, donc de trois organes dans les trois premières classes, de six organes dans la quatrième et de dix dans les suivantes. Chaque classe parfaite est par conséquent composée de dix tribus, nombre qui jamais ne peut être dépassé dans aucune classe, quelle qu'elle soit.

I. Degré. Plantes à moelle.

I. *Classe. Celluliers;* champignons pulvérulens ou filiformes.

1. Tribu. *Celluliers à cellules, rouilles;* champignons, consistant en cellules ou semences pulvérulentes. Nielle.

2. Tribu. *Celluliers à veines, muffes;* des cellules étendues en filamens feutrés. Bysses.

3. Tribu. *Celluliers à trachées, moisissures;* des filamens droits portant les semences réunies dans un bouton. Moisissure.

II. *Classe. Veiniers;* champignons en forme de vessie.

1. Tribu. *Veiniers à cellules, bouffes;* semences et filamens dans une vessie générale. Les trichies.

2. Tribu. *Veiniers à veines, vesses;* semences pulvérulentes dans une forte vessie générale. Les vesses-de-loup.

3. Tribu. *Veiniers à trachées, truffes;* semences pelotonnées en masse charnue et enfermée dans une vessie générale. Truffe.

III. Classe. Trachiers; champignons à chapiteau.

1. Tribu. *Trachiers à cellules, sphéries;* les utricules sémi-nifères légèrement agrégées. Sphéries, pézizes.

2. Tribu. *Trachiers à veines, morilles;* les utricules se trou-vent à la surface d'un chapiteau entier ou non rompu. Cla-vaire, morille.

3. Tribu. *Trachiers à trachées, chanterelles;* les utricules dans la surface inférieure d'un chapiteau rompu transversale-ment. Bolet, agaric ou chanterelle.

II. Degré. Plantes à souche.

IV. Classe. Raciniers; acotylédones ou cryptogames vertes.

I. Ordre. *Raciniers à moelle;* les cryptogames sans capsules.

1. Tribu. *Raciniers à cellules, algues;* aquatiques. Nostoc, conferves, varecs.

2. Tribu. *Raciniers à veines, herpettes;* membranes ou croûtes à sec, les semences dispersées ou en boutons. Lepraires.

3. Tribu. *Raciniers à trachées, orseilles;* expansions folia-cées à semences réunies dans des cupules. La mousse d'Islande, l'orseille.

II. Ordre. *Raciniers à souche;* les cryptogames à capsules.

4. Tribu. *Raciniers à racine, hépatiques;* tige membra-neuse à capsules quadrivalves. Hépatique.

5. Tribu. *Raciniers à tige, mousses;* tiges garnies de feuil-lets, et portant des capsules qui s'ouvrent transversalement. Les mousses.

6. Tribu. *Raciniers à feuilles, fougères;* tiges à feuilles avec des vaisseaux spiraux et portant des capsules multiformes. Les fougères et plusieurs naïades.

V. Classe. Tigiers; les monocotylédones.

Ier Ordre. *T. à moelle;* les monocotylédones hypogynes.

1. Tribu. *T. à cellules, blés;* graminées hermaphrodites. Millet, blé, avoine, roseau.

2. Tribu. *T. à veines, maïs;* graminées à sexes séparés. Houlque, égilope, maïs, larmille.

3. Tribu. *T. à trachées, joncs;* cypéroïdes, massètes et aroïdes.

IIe Ordre. *T. à souche;* les monocotylédones épigynes.

4. Tribu. *T. à racine, nymphées;* butomes, hydrocha-rides.

5. Tribu. *T. à tige, orchides;* les orchides.

6. Tribu. *T. à feuilles, bananes;* balisiers, bananiers.

IIIe Ordre. *T. à fleur;* les monocotylédones périgynes sans fruit charnu.

7. Tribu. *T. à semences, asperges;* asperges, ananas.
8. Tribu. *T. à capsule, glaïeuls;* iridées, narcisses.
9. Tribu. *T. à corolle, lis;* liliacées, asphodèles.

IVe Ordre. *T. à fruit;* les monocotylédones périgynes à fruit charnu.

10. Tribu. *T. à fruit, palmiers.*

VI. Classe. Feuilliers; les apétales.

Ier Ordre. *F. à moelle;* apétales hermaphrodites hypogynes, et les herbes noueuses périgynes.

1. Tribu. *F. à cellules, oseilles;* polygonées.
2. Tribu. *F. à veines, arroches;* les arroches.
3. Tribu. *F. à trachées, amaranthes;* les apétales hypogynes; amaranthes, plantains, nyctages, dentelaires.

IIe Ordre. *F. à souche;* les apétales diclines à-chatons ou cônes.

4. Tribu. *F. à racine, orties;* les urticées.
5. Tribu. *F. à tige, pins;* les conifères.
6. Tribu. *F. à feuilles, chatonniers;* les amentacées.

IIIe Ordre. *F. à fleur;* les apétales à corolles assez parfaites.

7. Tribu. *F. à semences, euphorbiers;* diclines à capsule tricoque supérieure. Les euphorbes.
8. Tribu. *F. à capsule, citrouilliers;* diclines à capsule charnue inférieure; aristoloches, passiflores.
9. Tribu. *F. à corolle, garous;* arbres à corolles hermaphrodites quaternaires; châlefs, thymélées, protées.

IVe Ordre. *F. à fruit;* apétales hermaphrodites à fruit.

10. Tribu. *F. à fruit, lauriers;* arbres à corolles senaires hermaphrodites; lauriers, vinetiers.

IIIe Degré. Plantes à fleur.

VII. Classe. Semenciers; les épigynes et à semences nues.

Ier Ordre. *S. à moelle;* les composées et agrégées.

1. Tribu. *S. à cellules, laitues;* les chicoracées.
2. Tribu. *S. à veines, asters;* les corymbifères.
3. Tribu. *S. à trachées, chardons;* cinarocéphales, dipsacées.

IIe Ordre. *S. à souche;* les ombellifères.

4. Tribu. *S. à racine, carottes;* les parties actives sont dans la racine.
5. Tribu. *S. à tige, cumins;* les parties actives sont dans le pied.

6. Tribu. *S. à feuilles, lierres;* ombelles imparfaites, souvent des baies ; aralies, vignes.

IIIe Ordre. *S. à fleur;* les rubiacées.

7. Tribu. *S. à semences, garances;* deux semences; les stellata et les cofféacées.

8. Tribu. *S. à capsule, cinchoniers;* beaucoup de semences dans des capsules biloculaires ; quinquina.

9. Tribu. *S. à corolle, royocs;* capsule multiloculaire ; les guettardes.

IVe Ordre *S. à fruit;* baies.

10. Tribu. *S. à fruit, viornes;* les caprifoliées.

VIII. Classe. Capsuliers; les monopétales à capsule.

Ier Ordre. *C. à moelle;* hypogynes, capsule unique, semences attachées à un réceptacle central.

1. Tribu. *C. à cellules, mourons;* capsule uniloculaire, polysperme ; primulacées.

2. Tribu. *C. à veines, molènes;* capsule biloculaire, polysperme ; personnées, bignones, solanées.

3. Tribu. *C. à trachées, lantanes;* capsule biloculaire, oligosperme ; les pédiculaires, acanthes et les gatiliers ou pyrenacées.

IIe Ordre. *C. à souche;* hypogynes à capsule binaire.

4. Tribu. *C. à racine, lamiers;* corolle labiée à quatre étamines didynames, deux paires de capsules séminiformes ; les labiées.

5. Tribu. *C. à tige, grémils;* capsules de même, corolle régulière à cinq étamines; les borraginées.

6. Tribu. *C. à feuilles, houattes;* deux capsules, corolle régulière quinaire ; gentianées, apocynées.

IIIe Ordre. *C. à fleur;* périgynes, sans fruit charnu, corolle quater-et quinaire.

7. Tribu. *C. à semences, liserons;* corolle quinaire sub-hypogyne, capsule triloculaire ; les convolvulacées et les polémoines.

8. Tribu. *C. à capsule, campanules;* corolle quinaire périgyne ; campanulacées.

9. Tribu. *C. à corolle, bruyères;* corolle quaternaire ; éricacées et rhododendres.

IVe Ordre. *C. à fruit;* fruit charnu.

10. Tribu. *C. à fruit, troènes;* arbres à fruit charnu oligosperme, ordinairement périgynes et le nombre des étamines ne correspond pas avec celui des divisions de la corolle ; jasmins, oliviers, plaqueminiers, sapotilliers.

(24)

IX. Classe. Corolliers; les polypétales périgynes.

Ier Ordre. *C. à moelle;* herbes à corolles régulières, quin- et quaternaires.

1. Tribu. *C. à cellules, œillets;* les caryophyllées.

2. Tribu. *C. à veines, triques;* joubarbes, saxifrages, portulacées, ficoïdes et cactes.

3. Tribu. *C. à trachées, salicaires;* corolle ordinairement quaternaire et supérieure; épilobes, salicaires, mélastomes.

IIe Ordre. *C. à souche;* les papilionacées.

4. Tribu. *C. à racines, gesses;* herbes à corolle papilionacée; trèfles et fèves.

5. Tribu. *C. à tige, genêts;* arbustes et arbres à corolle papilionacée; genêts, robinier, sophore, gaînier.

6. Tribu. *C. à feuilles, féviers;* arbres à corolle assez régulière; séné, mimoses, ben.

IIIe Ordre. *C. à fleur;* arbres à corolles régulières et quinaires, étamines définies.

7. Tribu. *C. à semences, sumacs;* les térébinthacées.

8. Tribu. *C. à capsule, houx;* les nerpruns.

9. Tribu. *C. à corolle, rosiers;* les rosacées.

IVe Ordre. *C. à fruit;* arbres à corolles quinaires et à étamines indéfinies.

10. Tribu. *C. à fruit; myrtes.*

IV. Degré. Plantes à fruit.

X. Classe. Fruitiers; les polypétales hypogynes.

Ier Ordre. *F. à moelle;* herbes à corolles quaternaires, six étamines ou indéfinies et libres.

1. Tribu. *F. à cellules, siliquiers;* corolle quaternaire à six étamines et à silique; les crucifères.

2. Tribu. *F. à veines, pivoines;* corolles quinaires à étamines indéfinies et libres, et à follicules nombreuses; les ranunculacées.

3. Tribu. *F. à trachées, pavots;* corolles quaternaires à étamines indéfinies libres et à capsule unique; les papavéracées et les capparides.

IIe Ordre. *F. à souche;* herbes et arbres à corolles quinaires, à 5, 10 et beaucoup d'étamines libres et connées, et à capsules uni-et quinqueloculaires.

4. Tribu. *F. à racine, rues;* herbes à corolles quinaires et à étamines définies; les violettes, polygalées et les rutacées.

5. Tribu. *F. à tige, mauves;* corolle quinaire à étamines indéfinies connées; les géraines et les malvacées.

6. Tribu. *F. à feuilles, tilleuls;* corolle quinaire à étamines indéfinies libres, capsule quinqueloculaire; les tiliacées.

IIIe Ordre. *F. à fleur;* arbres ordinairement à étamines connées et à fruits charnus triloculaires.

7. Tribu. *F. à semences, érables;* les érables, malpighiacées et les savonniers.

8. Tribu. *F. à capsule, orangers;* les méliacées et les orangers.

9. Tribu. *F. à corolle, guttiers;* les guttifères et les hypéricoïdes.

IVe Ordre. *F. à fruit;* arbres à fruit composé.

10. Tribu. *F. à fruit, magnoliers;* ménispermes, ochnacées, dilleniées, magnoliers et annones.

Familles et genres des plantes.

Nous avons vu qu'il y a dans les plantes parfaites autant de *tribus* qu'il y a d'organes ou de classes, ou, ce qui est la même chose, que les tribus sont la répétition des classes et la représentation des organes de la plante. Mais le règne végétal n'est pas épuisé par les tribus, il existe un nombre de plantes beaucoup plus grand que le nombre des tribus, qui ne s'élève pas au-dessus de 75, savoir:

9 tribus dans les trois premières classes;
6 dans la quatrième;
6 fois 10 font 60 dans les six suivantes, ce qui fait
_____
75

Or, comme il n'existe dans la plante que ses organes, il est impossible que les différences parmi les plantes puissent dériver de quelque autre développement que de celui de ces mêmes organes. Les différences entre les plantes d'une tribu doivent donc être données par les organes, qui sont au nombre de dix. Quand on nomme *genres* les membres différens d'une tribu, chacune d'elles en doit contenir dix, ce qui fait 10 fois 75 ou 750, qui serait le nombre total des genres qui peuvent exister.

La *base* de chaque genre étant un organe principal de la plante, l'établissement des genres n'est pas arbitraire, et un genre qui ne serait caractérisé que par des différences secondaires, telles que les variations particulières d'un organe, ne pourrait être reconnu comme tel, mais devrait être réuni au genre basé scientifiquement.

Prenons, par exemple, la tribu des *rosiers* qui est la plus connue. Elle ne pourra être composée que de dix genres.

Comme nous remarquons, cependant dans nos systèmes arbitraires un nombre de rosiers plus grands, il s'ensuit que certains genres ne sont que factices, et qu'ils doivent être réunis en un seul genre scientifique.

Les genres scientifiques des rosiers sont donc :

1. G. rosier à cellules, c'est le genre inférieur ou le *rosier cellulier;*
2. G. rosier à veines, ou *rosier veinier;*
3. G. rosier *trachier;*
4. G. rosier *racinier;*
5. G. rosier *tigier;*
6. G. rosier *feuillier;*
7. G. rosier *semencier;*
8. G. rosier *capsulier;*
9. G. rosier *corollier;*
10. G. rosier *fruitier.*

Cherchons donc la distribution des genres. On réussit mieux quand on établit d'abord les points les plus éloignés les uns des autres.

Le rosier qui porte le fruit le plus parfait est sans doute le *prunier;* le rosier qui porte la corolle la plus parfaite sera la *rose;* le rosier qui a la corolle et le fruit les moins parfaits, c'est sans doute l'*alchimille.* Voilà donc les points entre lesquels les autres genres sont à intercaler.

Les genres qui s'approchent le plus des roses sont le *néflier* et le *pommier;* celui-là prendra donc la place du rosier *capsulier,* celui-ci celle du rosier *semencier.* Les genres qui se rapprochent le plus de l'alchimille sont sans doute la *sanguisorbe* et l'*aigremoine;* celle-là occupera donc la place du rosier *veinier,* celle-ci celle du rosier *trachier.* Voilà sept genres arrangés ! Il reste à placer les genres racinier, tigier et feuillier. Nous avons à choisir parmi la *tormentille,* la *ronce* et la *spirée.* C'est évidemment la ronce qui a la tige la plus parfaite, et c'est la spirée dont les feuilles sont les mieux développées; la tormentille enfin se fait remarquer par sa racine, qui a une grandeur disproportionnée, et qui contient des matières colorantes et efficaces en médecine.

Les genres surnuméraires doivent alors être répartis. La pimprenelle (poterium) se réunit à la *sanguisorbe;* la *potentille,* le fraisier, la benoîte à la tormentille; l'aubépine au néflier; le sorbier au pommier. Voilà les genres principaux des rosiers réduits au nombre de dix : ce sont les principes d'après lesquels la table suivante a été rédigée.

Quant aux familles, elles ne sont que les subdivisions des

tribus d'après les quatre degrés des organes ; elles sont, pour les tribus, ce que sont les ordres pour les classes, et ne représentent pas par conséquent des organes de la plante. Ce sont des divisions établies plutôt pour la commodité que fournies par la nature de la plante. Il y a donc une famille à moelle, une à souche, une à fleur et une à fruit. Pour épargner la place dans la table, nous laisserons de côté les familles en nous contentant de donner ici un exemple.

TRIBU DES ROSIERS.

I. FAMILLE. — ROSIERS A MOELLE.

1. G. rosier cellulier. — *Alchimille*, aphanes.
2. G. rosier veinier. — *Sanguisorbe*, pimprenelle.
3. G. rosier trachier. — *Aigremoine*.

II. FAMILLE. — ROSIERS A SOUCHE.

4. G. rosier racinier. — *Tormentille*, potentille, fraisier,
benoîte.
5. G. rosier tigier.   — *Ronce*.
6. G. rosier feuillier. — *Spirée*.

III. FAMILLE. — ROSIERS A FLEUR.

7. G. rosier semencier. — *Pommier*, sorbier.
8. G. rosier capsulier. — *Néflier*, aubépine.
9. G. rosier corollier. — *Rose*.

IV. FAMILLE. — ROSIER A FRUIT.

10. G. rosier fruitier. — *Prunier*, amandier.

D'après cette exposition , il sera facile de comprendre la table ci-jointe, qui contient tous les genres qui peuvent être admis scientifiquement. Il est à peu près inutile de remarquer qu'il était impossible d'assigner la place convenable à tous les genres.

Dans ce premier essai, le lecteur équitable en saisira facilement la difficulté, et il y remédiera d'après ses connaissances en botanique.

TABLE DU SYSTÈME DES PLANTES.

I. DEGRÉ. — PLANTES MOELLIÈRES.

CHAMPIGNONS.

I. CLASSE. — CELLULIERS.

I. Tribu. — *C. celluliers.* *Rouilles.*	II. Tribu. — *C. veiniers.* *Muffes.*	III. Trib. — *C. trachiers.* *Moisissures.*
I. Fam. — *Rouilles moel-* *tières.*	I. Fam. — *M. Moelliéres.*	I. Fam. — *M. Moelliéres.*
1. R. cell. Uredo.	1. M. c. Byssus.	1. M. c. Chloridium.
2. R. vein. Puccinia.	2. M. v. Himantia.	2. M. v. — —
3. R. trach. Æcidium.	3. M. t. Antennaria.	3. M. t. Ceratium.
II. Fam. — *R. souchières.*	II. Fam. — *M. souchières.*	II. Fam. — *M. souchières.*
4. R. rac. Fusidium.	4. M. r. Sepedonium.	4. M. r. — —
5. R. tig. Stilbospora.	5. M. t. Dematium.	5. M. t. Isaria.
6. R. feuill. Seiridium.	6. M. f. Racodium.	6. M. f. Corémium.
III. Fam. — *R. fleuriéres.*	III. Fam. — *M. fleuriéres.*	III. Fam. — *M. fleuriéres.*
7. R. sem. Fusarium.	7. M. s. Monilia.	7. M. s. Mucor.
8. R. caps. Exosporium.	8. M. c. Periconia.	8. M. c. —
9. R. cor. Tubercularia.	9. M. c. Botrytis.	9. M. c. —
IV. Fam. — *R. fruitiéres.*	IV. Fam. — *M. fruitiéres.*	IV. Fam. — *M. fruitiéres.*
10. R. fruit. Calycium.	10. M. f. Erineum.	10. M. f. Pilobolus.

II. CLASSE. — VEINIERS.

I. Tribu. — *V. celluliers.* *Bouffes.*	II. Tribu. — *V. veiniers.* *Vesses.*	III. Trib. — *V. trachiers.* *Truffes.*
1. B. c. Trichoderma.	1. V. c. Onygena.	1. T. c. Gyraria.
2. B. v. Erysiphe.	2. V. v. — —	2. T. v. — —.
3. B. t. — —	3. V. t. — —	3. T. t. — —
4. B. r. Physarum.	4. V. r. Scleroderma.	4. T. r. Spumaria.
5. B. t. Stemonitis.	5. V. t. Bovista.	5. T. t. Aethalium.
6. B. f. Leangium.	6. V. f. Lycoperdon.	6. T. f. Lycogala.
7. B. s. Trichia.	7. V. s. — —	7. T. s. — —
8. B. c. Cribraria.	8. V. c. — —	8. T. c. Eurotium.
9. B. c. Arcyria.	9. V. c. Geastrum.	9. T. c. Sclerotium.
10. B. f. Sphærobolus.	10. V. f. Cyathus.	10. T. f. Tuber.

III. CLASSE. — TRACHIERS.

I. Tribu. — *Tr. celluliers.* *Sphéries.*	II. Tribu. — *Tr. veiniers.* *Morilles.*	III. Tribu. — *Tr. trachiers.* *Chanterelles.*
1. Sp. c. Thelebolus.	1. M. c. Clathrus.	1. Ch. c. Merisma.
2. Sp. v. Nemaspora.	2. M. v. Phallus.	2. Ch. v. Thelephora.
3. Sp. t. — —	3. M. t. Batarrea.	3. Ch. t. Mesenterica.
4. Sp. r. Xyloma.	4. M. r. Clavaria.	4. Ch. r. Hydnum.
5. Sp. t. Hysterium.	5. M. t. Geoglossum.	5. Ch. t. Sistotrema.
6. Sp. f. Rhizomorpha.	6. M. f. Spatularia.	6. Ch. f. Boletus.
7. Sp. s. Sphæria.	7. M. s. Leotia.	7. Ch. s. Asterophora.
8. Sp. c. — —	8. M. c. Helvella.	8. Ch. c. Dædalea.
9. Sp. c. Stictis.	9. M. c. Morchella.	9. Ch. c. Merulius.
10. Sp. f. Peziza.	10. M. f. Hericium.	10. Ch. f. Agaricus.

(29)

II. DEGRÉ. — PLANTES SOUCHIÈRES.

IV. CLASSE. — RACINIERS.

ACOTYLÉDONES VERTES.

I. ORDRE. — RACINIERS A MOELLE.

I. TRIBU. — *R. cellulicrs.* Algues.	II. TRIBU. — *R. veiniers.* Herpettes.	III. TRIBU. — *R. trachiens.* Oseilles.
1. A. c. Tremella.	1. H. c. Lepraria.	1. O. c. Lecidea.
2. A. v. Rivularia.	2. H. v. Spiloma.	2. O. v. Urceolaria.
3. A. t. Ulva.	3. H. t. Graphis.	3. O. t. Lecanora.
4. A. r. Conserva.	4. H. r. Variolaria.	4. O. r. Collema.
5. A. t. Batrachospermum	5. H. t. Verrucaria.	5. O. t. Parmelia.
6. A. f. Hydrodictyon.	6. H. f. Lorina.	6. O. f. Cetraria, Sticta.
7. A. s. Tupha. (Spongia fl.)	7. H. s. Isidium.	7. O. s. Ramalina.
8. A. c. Ulvæ marinæ.	8. H. c. Stereocaulon.	8. O. c. Cornicularia.
9. A. c. — —	9. H. c. Bæomyces.	9. O. c. Usnea.
10. A. f. Fucus.	10. H. f. Cenomyce.	10. O. f. Evernia.

II. ORDRE. — RACINIERS A SOUCHE.

IV. TRIBU. — *R. raciniers.* Hépatiques.	V. TRIBU. — *R. tigiers.* Mousses.	VI. TRIBU. — *R. feuilliers.* Fougères.
1. H. c. Riccia.	1. M. c. Buxbaumia.	1. F. c. Lemna.
2. H. v. Blasia.	2. M. v. Phascum.	2. F. v. Marsilea.
3. H. t. Sphærocarpus.	3. M. t. Gymnostomum.	3. F. t. Isoëtes, Pilul.
4. H. r. Anthoceros.	4. M. r. Mnium.	4. F. r. Chara.
5. H. t. Targionia.	5. M. t. Bryum.	5. F. t. Callitriche, Hippur.
6. H. f. Marchantia.	6. M. f. Hypnum.	6. F. f. Equisetum.
7. H. s. Staurophora.	7. M. s. Dicranum.	7. F. s. Lycopodium.
8. H. c. — —	8. M. c. Splachnum.	8. F. c. Ophioglossum.
9. H. c. Jungermannia.	9. M. c. Polytrichum.	9. F. c. Osmunda.
10. H. f. Andræa.	10. M. f. Sphagnum.	10. F. f. Polypodium.

V. CLASSE. — TIGIERS.

MONOCOTYLÉDONES.

I. ORDRE. — TIGIERS A SOUCHE.

I. TRIBU. — *T. cellulicrs.* Blés.	II. TRIBU. — *T. veiniers.* Maïs.	III. TRIBU. — *T. trachiers.* Joncs.
1. B. c. Agrostis, Panic.	1. M. c. Holcus.	1. J. c. Carex.
2. B. v. Aira, Melica.	2. M. v. Andropogon.	2. J. v. Scirpus.
3. B. t. Oryza.	3. M. t. Spinifex.	3. J. t. Cyperus.
4. B. r. Bromus, Poa.	4. M. r. Aegilops.	4. J. r. Restio.
5. B. t. Arundo, Sacchar.	5. M. t. Tripsacum.	5. J. t. Juncus.
6. B. f. Avena.	6. M. f. Luziola.	6. J. f. Tradescantia, Com.
7. B. s. Anthox., Pleum.	7. M. s. Zea.	7. J. s. Typha, Spargan.
8. B. c. Nardus.	8. M. c. Pharus.	8. J. c. Acorus.
9. B. c. Secale, Triticum.	9. M. c. Pariana.	9. J. c. Arum.
10. B. f. Lygeum.	10. M. f. Coix.	10. J. f. Pandanus.

II. ORDRE. — TIGIERS A SOUCHE.

IV. Tribu.—*T. raciniers.* Nymphées.	V. Tribu. — *T. tigiers.* Orchides.	VI. Tribu.—*T. feuilliers.* Bananes.
1. N. c. Triglochin.	1. O. c. Orchis.	1. B. c. Curcuma.
2. N. v. Veratrum.	2. O. v. Limodorum.	2. B. v. Alpinia.
3. N. t. Colchicum.	3. O. t. Satyrium.	3. B. t. Amomum, Costus.
4. N. r. Sagittaria.	4. O. r. Ophrys.	4. B. r. Phrynium.
5. N. t. Butomus.	5. O. t. Serapias.	5. B. t. Thalia.
6. N. f. Alisma.	6. O. f. Cypripedium.	6. B. f. Canna.
7. N. s. Vallisneria.	7. O. s. Dendrobium.	7. B. s. Urania.
8. N. c. Stratiotes.	8. O. c. Epidendrum.	8. B. c. Heliconia.
9. N. c. Hydrocharis.	9 O. c. Aerides.	9. B. c. Strelitzia.
10. N. f. Nymphæa.	10. O. f. Vanilla.	10. B. f. Musa.

III. ORDRE. — TIGIERS A FLEUR.

VII. Tribu. — *T. semenciers.* Asperges.	VIII. Tribu. — *T. capsuliers.* Glaïculs.	IX. Tribu. —*T. corolliers.* Lis.
1. A. c. Paris.	1. G. c. Crocus.	1. L. c. Anthericum.
2. A. v. Convallaria.	2. G. v. Gladiolus.	2. L. v. Asphodelus.
3. A. t. Asparagus.	3. G. t. Iris.	3. L. t. Hemerocallis.
4. A. r. Dioscorea.	4. G. r. Narcissus.	4. L. r. Hyacinthus.
5. A. t. Smilax.	5. G. t. Galanthus, Leucoj.	5. L. t. Ornithogalum.
6. A. f. Ruscus.	6. G. f. Amaryllis.	6. L. f. Allium.
7. A. s. Tillandsia.	7. G. s. Alstrœmeria.	7. L. s. Tulipa.
8. A. c. Bromelia.	8. G. c. Aletris.	8. L. c. Fritillaria.
9. A. c. Hæmanthus.	9. G. c. Aloe.	9. L. c. Lilium.
10. A. f. Dracæna.	10. G. f. Agave.	10. L. f. Yucca.

V. ORDRE. — X. TRIBU. — TIGIERS FRUITIERS. PALMIERS.

1. P. c. Calamus.	4. P. r. Chamærops.	7. P. s. Phœnix.
2. P. v. Zamia.	5. P. t. Borassus.	8. P. c. Areca.
3. P. t. Cycas.	6. P. f. Corypha.	9. P. c. Elais.
	10. *Palmier fruitier.* Cocos.	

VI. CLASSE. — FEUILLIERS.

DICOTYLÉDONES APÉTALES.

I. ORDRE. — FEUILLIERS A MOELLE.

I. Tribu. — *F. celluliers.* Oseilles.	II. Tribu. — *F. veiniers.* Arroches.	III. Tribu.—*F. trachiers.* Amaranthes.
1. O. c. Polygonum.	1. A. c. Scleranthus.	1. A. c. Amaranthus.
2. O. v. Rumex.	2. A. v. Polycnemum.	2. A. v. Celosia.
3. O. t. Rheum.	3. A. t. Camphorosma.	3. A. t. Polychroa.
4. O. r. Pallasia.	4. A. r. Beta.	4. A. r. Herniaria.
5. O. t. Calligonum.	5. A. t. Chenopodium.	5. A. t. Achyranthes.
6. O. f. Triplaris.	6. A. f. Spinacia.	6. A. f. Gomphrena.
7. O. s. Kœnigia.	7. A. s. Salsola.	7. A. s. Statice.
8. O. c. Piper.	8. A. c. Salicornia.	8. A. c. Plantago.
9. O. c. Begonia.	9. A. c. Blitum.	9. A. c. Plumbago.
10. O. f. Coccoloba.	10. A. f. Phytolacca.	10. A. f. Mirabilis.

II. ORDRE. — FEUILLIERS TIGIERS.

IV. Tribu. — *F. raciniers.* Orties.	V. Tribu. — *F. tigiers.* Pins.	VI. Tribu. — *F. feuilliers.* Chatonniers.
1. O. c. Urtica.	1 P. c. — —	1. Ch. c. Salix.
2. O. v. Cannabis.	2. P. v. Ephedra.	2. Ch. v. Populus.
3. O. t. Humulus.	3. P. t. Casuarina.	3. Ch. t. Betula.
4. O. r. Dorstenia.	4. P. r. Cupressus.	4. Ch. r. Corylus, Carpin.
5. O. t. Mithridatea.	5. P. t. Thuja.	5. Ch. t. Quercus.
6. O. f. Ficus.	6 P. f. Pinus.	6. Ch. f. Platanus, Liquid.
7. O. s. Xanthium.	7. P. s. Batis.	7. Ch. s. Ulmus.
8. O. c. Cecropia.	8. P. c. Juniperus.	8. Ch. c. Fraxinus.
9. O c. Antiaris.	9. P. c. Taxus.	9. Ch. c. Celtis.
10. O. f. Artocarpus.	10. P. s. Salisburia.	10. Ch. f. Morus.

III. ORDRE. — FEUILLIERS A FLEUR.

VII. Tribu. *F. semenciers.* Euphorbiers.	VIII. Tribu. — *F. capsuliers.* Citrouilliers.	IX Tribu. — *F. corolliers.* Garous.
1. E. c. Mercurialis.	1. C. c. Cytinus.	1. G. c. Embothrium.
2. E. v. Euphorbia.	2. C. v. Asarum.	2. G. v. Protea.
3. E. t. Phyllanthus.	3. C. t. Aristolochia.	3. G. t. Brabejum.
4. E. r. Ricinus, Croton.	4. C. r. Bryonia.	4. G. r. Stellera.
5. E. t. Excœcaria.	5. C. t. Sicyos.	5. G. t. Daphne.
6. E. f. Buxus.	6. C. f. Cucurbita.	6. G. f. Lagetta.
7. E. s. Plukenetia.	7. C. s. Passiflora.	7. G. s. Thesium.
8. E. c. Sapium.	8. C. c. Fevillæa.	8. G. c. Hippophaë.
9. E. c. Hura.	9. C. c. Zanonia.	9. G. c. Elæagnus.
10. E. f. Hippomene.	10. C. f. Carica.	10. G. f. Terminalia.

IV. ORDRE. — X. TRIBU. — FEUILLIERS A FRUIT. LAURIERS.

1. L. c. Berberis.	4. L. r. Hedycaria.	7. L. s. Inocarpus.
2. L. v. Hamamelis.	5. L. t. Laurelia.	8. L. c. Agathophyllum.
3. L. t. Erythroxylon.	6. L. f. Calycanthus.	9. L. c. Laurus.

10. *Laurier-fruitier.* Myristica.

III. DEGRÉ. — PLANTES FLEURIÈRES.

VII. CLASSE. — SEMENCIERS.

DICOTYLÉDONES ÉPIGYNES.

I. ORDRE. — SEMENCIERS A MOELLE.

I. Tribu. — *S. celluliers.* Laitues.	II. Tribu. — *S. veiniers.* Asters.	III. Tribu. — *S. trachiers.* Chardons.
1. L. c. Leontodon.	1. A. c. Bellis, Calendula.	1. Ch. c. Gnaphalium.
2. L. v. Scorzonera.	2. A. v. Anthemis, Matric.	2. Ch. v. Carthamus, Cyn.
3. L. t. Tragopogon.	3. A. t. Tussilago.	3. Ch. t. Arctium.
4. L. r. Chondrilla.	4. A. r. Solidago, Aster.	4. Ch. r. Serratula.
5. L. t. Prenanthes.	5. A. t. Tagetes, Silphium.	5. Ch. t. Centaurea.
6. L. f. Lampsana.	6. A. f. Georgina, Rudbeck	6. Ch. f. Echinops.
7. L. s. Hieracium, Crepis.	7. A. s. Bidens.	7. Ch. s. Scabiosa.
8. L. c. Sonchus.	8. A. c. Artemisia, Tanac.	8. Ch. c. Dipsacus.
9. L. c. Lactuca.	9. A. c. Conyza.	9. Ch. c. Globularia.
10. L. f. Cichorium.	10. A. f. Tarchonanthus.	10. Ch. f. Valeriana.

II. Ordre. — Semenciers a souche.

IV. Tribu. — *S. raciniers.* Carottes.	V. Tribu. — *S. tigiers.* Cumins.	VI. Tribu. — *S. feuilliers.* Lierres.
1. C. c. Peucedanum.	1. C. c. Scandix, Chærop.	1. L. c. Sanicula.
2. C. v. Laserpitium.	2. C. v. Phellandr., Oen.	2. L. v. Astrantia.
3. C. t. Angelica, Imper.	3. C. t. Cicuta.	3. L. t. Bupleurum.
4. C. r. Pastinaca.	4. C. r. Conium.	4. L. r. Hydrocotyle.
5. C. t. Ferula.	5. C. t. Ligusticum.	5. L. t. Eryngium.
6. C. f. Heracleum.	6. C. f. Crithm., S., S., B.	6. L. f. Panax.
7. C. s. Aethusa.	7. C. s. Carum.	7. L. s. Aralia.
8. C. c. Sium.	8. C. c. Apium Pimp., A.	8. L. c. Hedera.
9. C. c. Athamantha.	9. C. c. Coriandrum.	9. L. c. Cissus.
10. C. f. Daucus.	10. C. f. Anethum.	10. L. f. Vitis.

III. Ordre. — Semenciers a fleur.

VII. Tribu. — *S. semenciers.* Garances.	VIII. Tribu. — *S. capsuliers.* Cinchoniers.	IX. Tribu. — *S. corolliers.* Royocs.
1. G. c. Galium.	1. C. c. Hedyotis.	1. R. c. Opercularia.
2. G. v. Rubia.	2. C. v. Carphalea.	2. R. v. Mitchella.
3. G. t. Phyllis.	3. C. t. Nacibæa.	3. R. t. Morinda.
4. G. r. Spermacoce.	4. C. r. Ophiorrhiza.	4. R. r. Hamelia.
5. G. t. Pavetta.	5. C. t. Cinchona.	5. R. t. Gonzalea.
6. G. f. Chomelia.	6. C. f. Coutarea.	6. R. f. Isertia.
7. G. s. Psychotria.	7. C. s. Coccocypselum.	7. R. s. Penæa.
8. G. c. Canthium.	8. C. c. Myonima.	8. R. c. Guettarda.
9. G. c. Chimarrhis.	9. C. c. Catesbæa.	9. R. c. Vangueria.
10. G. f. Coffea.	10. C. f. Gardenia.	10. R. s. Genipa.

IV. Ordre. — X. Tribu. — Semenciers a fruit. Viornes.

1. V. c. Viscum.	4. V. r. Linnæa.	7. V. s. Lonicera.
2. V. v. Loranthus.	5. V. t. Halleria.	8. V. c. Sambucus.
3. V. t. Aucuba.	6. V. f. Cornus.	9. V. c. Viburnum.

10. *Viorne fruitière.* Rhizophora.

VIII. Classe. — Capsuliers.

DICOTYLÉDONES MONOPÉTALES A CAPSULE.

I. Ordre. — Capsuliers a moelle.

I. Tribu. — *C. celluliers.* Mourons.	II. Tribu. — *C. veiniers.* Molènes.	III Tribu. — *C. trachiers.* Lantanes.
1. M. c. Limosella.	1. M. c. Scrophularia.	1. L. c. Orobanche, Lath.
2. M. v. Utricularia.	2. M. v. Antirrhinum.	2. L. v. Veronica.
3. M. t. Pinguicula.	3. M. t. Digitalis.	3. L. t. Euphrasia, Pedic.
4. M. r. Cyclamen.	4. M. r. Gratiola.	4. L. r. Ruellia.
5. M. t. Primula.	5. M. t. Sesamum.	5. L. t. Justicia.
6. M. f. Menyanthes.	6. M. f. Bignonia.	6. L. f. Acanthus.
7. M. s. Anagallis.	7. M. s. Lycium.	7. L. s. Verbena.
8. M. c. Lysimachia.	8. M. c. Atropa, Solanum	8. L. c. Lantana.
9. M. c. Hottonia.	9. M. c. Verbascum, Nic.	9. L. c. Vitex.
10. M. f. Trientalis.	10. M. f. Crescentia.	10. L. f. Volkameria.

II. ORDRE. — CAPSULIERS A SOUCHE.

IV. TRIBU. — *C. raciniers.* Lamiers.	V. TRIBU. — *C. tigiers.* Gremils.	VI. TRIBU. — *C. feuilliers.* Houattes.
1. L. c. Lycopus.	1. G. c. Lycopsis.	1. H. c. Gentiana.
2. L. v. Mentha, S., H., L.	2. G. v. Myosotis, Anch.	2. H. v. Exacum.
3. L. t. Melittis.	3. G. t. Symphytum.	3. H. t. Spigelia.
4. L. r. Ajuga, Teucrium.	4. G. r. Echium.	4. H. r. Apocynum.
5. L. t. Lamium, Marr.	5. G. t. Heliotropium.	5. H. t. Nerium.
6. L. f. Monarda.	6. G. f. Pulmonaria.	6. H. f. Vinca.
7. L. s. Ocymum.	7. G. s. Cerinthe.	7. H. s. Periploca.
8. L. c. Thymus, Orig.	8. G. c. Hydrophyllum.	8. H. c. Asclepias.
9. L. c. Salvia.	9. G. c. Tournefortia.	9. H. c. Stapelia.
10. L. f. Rosmarinus.	10. G. f. Cordia.	10. H. f. Strychnos.

III. ORDRE. — CAPSULIERS A FLEUR.

VII. TRIBU. — *C. semenciers.* — Liserons.	VIII. TRIBU. — *C. capsuliers.* Campanules.	IX. TRIBU. — *C. corolliers.* Bruyères.
1. L. c. Cuscuta.	1. C. c. Stylidium.	1. B. c. Monotropa.
2. L. v. Diapensia.	2. C. v. Forstera.	2. B. v. Pyrola.
3. L. t. Lœselia.	3. C. t. — —	3. B. t. Empetrum.
4. L. r. Cressa.	4. C. r. Cyphia.	4. B. r. Erica.
5. L. t. Hydrolea.	5. C. t. Scævola.	5. B. t. Clethra.
6. L. f. Convolvulus.	6. C. f. Lobelia.	6. B. f. Arbutus.
7. L. s. Phlox.	7. C. s. Jasione.	7. B. s. Ledum.
8. L. c. Polemonium.	8. C. c. Phyteuma.	8. B. c. Diosma.
9. L. c. Cantua.	9. C. c. Trachelium.	9. B. c. Rhododendron.
10. L. f. Cobæa.	10. C. f. Campanula.	10. B. f. Vaccinium.

IV. ORDRE. — X. TRIBU. — CAPSULIERS A FRUIT. TROÊNES.

1. T. c. Syringa.	4. T. r. Symplocos.	7. T. s. Myrsine.
2. T. v. Jasminum.	5. T. t. Royena.	8. T. c. Sideroxylon.
3. T. t. Ligustrum, Olea.	6. T. f. Diospyros.	9. T. c. Mimusops.

10. *Troênes fruitiers.* Achras.

IX. CLASSE. — COROLLIERS.

DICOTYLÉDONES POLYPÉTALES PÉRIGYNES.

I. ORDRE. — COROLLIERS A MOELLE.

I. TRIBU. — *C. celluliers.* OEillets.	II. TRIBU. — *C. veiniers.* Triques.	III. TRIBU. — *C. trachiers.* Salicaires.
1. O. c. Sagina.	1. T. c. Sedum, Semper.	1. S. c. Potamogeton.
2. O. v. Pharnaceum.	2. T. v. Rhodiola.	2. S. v. Ceratophyllum.
3. O. t. Holosteum.	3. T. t. Crassula, Cotyled.	3. S. t. Trapa.
4. O. r. Cherleria.	4. T. r. Chrysosplenium.	4. S. r. Circæa.
5. O. t. Spergula, St.	5. T. t. Saxifraga.	5. S. t. Epilobium.
6. O. f. Bergia.	6. T. f. Hydrangea.	6. S. f. Fuchsia.
7. O. s. Dianthus, Sapon.	7. T. s. Portulaca.	7. S. s. Peplis, Isnardia.
8. O. c. Silene, Cucubal.	8. T. c. Tamarix.	8. S. c. Lausonia.
9. O. c. Lychnis, Agrost.	9. T. c. Mesembryanth.	9. S. c. Lythrum.
20. O. f. Linum.	10. T. f. Cactus.	10. S. f. Melastoma.

II. ORDRE. — COROLLIERS A SOUCHE.

IV. Tribu. — *C. raciniers.* Gesses.	V. Tribu. — *C. tigiers.* Genêts.	VI. Tribu. — *C. feuilliers.* Féviers.
1. G. c. Trifolium.	1. G. c. Ononis.	1. F. c. Bauhinia.
2. G. v. Trigonella, Lotus	2. G. v. Genista , Spart.	2. F. v. Hymenæa.
3. G. t. Coronilla, Hed.	3. G. t. Aspalathus.	3. F. t. Tamarindus.
4. G. r. Glycyrrhiza.	4. G. r. Cytisus.	4. F. r. Cassia.
5. G. t. Galega, Indigof.	5. G. t. Robinia.	5. F. t. Ceratonia.
6. G. f. Astragalus.	6. G. f. Colutea.	6. F. f. Mimosa, Gleditsc.
7. G. s. Ervum, Vicia, Pis.	7. G. s. Amorpha.	7. F. s. Dipteryx.
8. G. c. Phaseolus.	8. G. c. Sophora , Myrox.	8. F. c. Pterocarpus.
9. G. c. Anthyllis, Lupin.	9. G. c. Cercis.	9. F. c. Cæsalpinia.
10. G. f. Abrus.	10. G. f. Geoffræa.	10. F. f. Moringa, Guiland.

III. ORDRE. — CAPSULIERS A FLEUR.

VII. Tribu. — *C. semen-ciers.* Sumacs.	VIII. Tribu. — *C. capsuliers.* Houx.	IX. Tribu. — *C. corolliers.* Rosiers.
1. S. c. Fagara.	1. H. c. Phylica.	1. R. c. Alchemilla.
2. S. v. Xanthoxylon.	2. H. v. Evonymus.	2. R. v. Sanguisorba , P.
3. S. t. Ailanthus.	3. H. t. Staphylea.	3. R. t. Agrimonia.
4. S. r. Myrica.	4. H. r. Ribes.	4. R. r. Tormentilla , Fr.
5. S. t. Juglans.	5. H. t. Rhamnus.	5. R. t. Rubus.
6. S. f. Pistacia.	6. H. f. Ilex.	6. R. f. Spiræa.
7. S. s. Rhus.	7. H. s. Kiggellaria.	7. R. s. Sorbus, Pyrus.
8. S. c. Amyris, Toluifera.	8. H. c. Cneorum.	8. R. c. Mespilus, Cratæg.
9. S. c. Spondias.	9. H. c. Anacardium.	9. R. c. Rosa.
10. S. f. Averrhoa.	10. H. f. Mangifera.	10. R. c. Prunus, Amygd.

IV. ORDRE. — X. TRIBU. — COROLLIERS A FRUIT. MYRTES.

1. M. c. Philadelphus.	4. M. r. Barringtonia.	7. M. s. Eugenia.
2. M. v. Metrosideros.	5. M. t. Lecythis.	8. M. c. Psidium.
3. M. t. Melaleuca.	6. M. f. Eucalyptus.	9. M. c. Myrtus.
	10. *Myrte fruitier.* Punica.	

V. DEGRÉ. — PLANTES A FRUIT.

X. CLASSE. — FRUITIERS.

DICOTYLÉDONES POLYPÉTALES HYPOGYNES.

I. ORDRE. — FRUITIERS A MOELLE.

I. Tribu. — *F. celluliers.* Siliquiers.	II. Tribu. — *F. veiniers.* Pivoines.	III. Tribu. — *F. corolliers.* Pavots.
1. S. c. Draba.	1. P. c. Ranunculus , An.	1. P. c. Parnassia.
2. S. v. Lepidium.	2. P. v. Thalictrum.	2. P. v. Drosera.
3. S. t. Lunaria.	3. P. t. Clematis.	3. P. t. Reseda.
4. S. r. Cochlearia.	4. P. r. Nigella.	4. P. r. Fumaria.
5. S. t. Myagrum.	5. P. t. Aconit., Delphin.	5. P. t. Chelidonium.
6. S. f. Isatis.	6. P. f. Aquilegia.	6. P. f. Papaver.
7. S. s. Turritis.	7. P. s. Helleborus.	7. P. s. Epimedium.
8. S. c. Sisymbrium.	8. P. c. Caltha, Trollius.	8. P. c. Cleome.
9. S. c. Hesperis, Cheir.	9. P. c. Pæonia.	9. P. c. Capparis.
10. S. f. Sinapis, Raph.	10. P. f. Actæa.	10. P. f. Cratæva.

II. ORDRE. — FRUITIERS A SOUCHE.

IV. TRIBU. —*F. raciniers.* Rues.	V. TRIBU. — *F. tigiers.* Mauves.	VI. TRIBU. —*F. feuilliers.* Tilleuls.
1. R. c. Oxalis.	1. M. c. Geranium.	1. T. c. Hermannia.
2. R. v. Viola.	2. M. v. Màlva, Althæa.	2. T. v. Cistus.
3. R. t. Polygala.	3. M. t. Sida.	3. T. t. Bixa.
4. R. r. Impatiens.	4. M. r. Hibiscus.	4. T. r. Corchorus.
5. R. t. Tropæolum.	5. M. t. Bombax.	5. T. t. Triumfetta.
6. R. f. Melianthus.	6. M. f. Adansonia.	6. T. f. Sloanea.
7. R. s. Dictamnus.	7. M. s. Ayenia.	7. T. s. Tilia.
8. R. c. Tribulus.	8. M. c. Sterculia.	8. T. c. Elæocarpus.
9. R. c. Ruta.	9. M. c. Helicteris.	9. T. c. Muntingia.
10. R. f. Guajacum, Zygop.	10. M. f. Theobroma.	10. T. f. Flacurtia.

III. ORDRE. — FRUITIERS A FLEUR.

VII. TRIBU. — *F. semenciers.* Erables.	VIII. TRIBU. — *F. capsuliers.* Orangers.	IX. TRIBU.— *F. corolliers.* Guttiers.
1. E. c. Cardiospermum.	1. O. c. Thea.	1. G. c. Hypericum.
2. E. v. Ornitrophe.	2. O. v. Camellia.	2. G. v. Marcgravia.
3. E. t. Sapindus.	3. O. t. Aquilaria.	3. G. t. Clusia.
4. E. r. Ptelea.	4. O. r. Melia.	4. G. r. Mesua.
5. E. t. Acer.	5. O. t. Swietenia.	5. G. t. Calophyllum.
6. E. f. Aesculus.	6. O. f. Canella.	6. G. f. Grias.
7. E. s. Hippocratea.	7. O. s. Styrax.	7. G. s. Rhœdia.
8. E. c. Hiptage.	8. O. c. Ternstrœmia.	8. G. c. Cambogia.
9. E. c. Banisteria.	9. O. c. Murraya.	9. G. c. Mammea.
10. E. f. Malpighia.	10. O. f. Citrus.	10. G. f. Garcinia.

IV. ORDRE. — X. TRIBU. — FRUITIERS A FRUIT. MAGNOLIERS.

1. M. c. Epibaterium.	4. M. r. Ochna.	7. M. s. Illicium.
2. M. v. Cissampelos.	5. M. t. Quassia.	8. M. c. Wintera.
3. M. t. Menispermum.	6. M. f. Dillenia.	9. M. c. Magnolia.

10. *Magnolier fruitier.* Annona.

IV.

ANIMAUX.

L'*animal* est un corps *végétal* qui réunit aux organes des *trois* élémens les parties du *quatrième*, c'est-à-dire du *feu.*

I. PARTIES DU CORPS ANIMAL.

Les parties organiques des trois élémens terrestres sont :
1. Les *intestins*, comme organe de la *terre;*
2. Les *veines*, comme organe de l'*eau;*
3. Les *trachées* ou *poumons*, comme organe de l'*air.*

Les parties organiques de l'élément du *feu* sont :

1. Les *os*, comme organe de la *pesanteur;*
2. Les *muscles*, comme organe de la *chaleur;*
3. Les *nerfs*, comme organe de la *lumière.*

Ces trois parties organiques se nomment *animales* par excellence, les trois premières *végétales;* celles-ci *chair*, celles-là *entrailles.*

On trouve dans l'animal un nombre égal des parties végétales et des parties animales, qui se correspondent mutuellement, ou dont les unes sont la répétition des autres.

1. Les *intestins* correspondent au *tissu cellulaire* (terre de la plante);
2. Les *vaisseaux* correspondent aux conduits intercellulaires (eau de la plante);
3. Les *poumons* correspondent aux vaisseaux spiraux (air de la plante).

De même :

1. Les *étamines* deviennent *organes mâles* et *sperme;*
2. La *capsule, organe femelle* et *œuf;*
3. La *semence, embryon* ou *fœtus* (germe).

L'animal est donc composé de trois systèmes, dont chacun se divise en trois parties :

I. Du système *sexuel;*
II. Du système des entrailles ou *entraillier*, et
III. Du système *carnal* ou proprement animal.

Les parties animales ou carnales sont la répétition des parties végétales ou entraillières à un degré plus haut :

1. Les *os* répètent les intestins ;
2. Les *muscles* répètent les vaisseaux;
3. Les *nerfs* répètent les trachées ou poumons.

Les lois de la sympathie ou du *consensus* reposent sur les répétitions ou correspondances des organes.

A. Parties sexuelles,

Se divisent en deux sections, en parties du *germe* et en *organes sexuels* proprement dits.

I. Germe

Consiste en

a. *Sperme,*
b. *OEuf,*
c. *Enveloppes fœtales.*

(37)

a. Le *sperme* est un liquide albumineux, une masse nerveuse fluide ; il correspond au système animal.

b. L'*œuf* correspond au système viscéral ou végétal ; c'est un chyle sexuel. Il est composé du jaune ou *vitellus*, de la glaire et de la coque.

c. Les enveloppes sont de vrais organes de développement du fœtus. Elles consistent dans

1. Le *chorion*, qui est la *branchie fétale* et la racine du système vasculaire du fœtus ; c'est la *vessie vasculaire* ;

2. L'*amnios*, dont la peau et le poumon sont les prolongemens, et dont le liquide est le chyle, que le fœtus absorbe par la peau, et avale enfin par la bouche ; c'est la *vessie pulmonaire* ;

3. L'*allantoïde*, dont se forme le système sexuel avec les reins ; c'est la *vessie sexuelle* ;

4. La *vésicule ombilicale*, dont se forment les intestins ; c'est la *vessie intestinale*.

Toutes les parties *végétales* de l'animal ont donc leurs racines dans les enveloppes, ou ne sont que le prolongement des *vessies fétales*. Les parties *animales*, telles que *nerfs*, *muscles* et *os*, ne prennent pas leur origine des enveloppes ; elles sont les résultats des parties viscérales, qui représentent pour elles les enveloppes : ou, les viscères sont le fœtus pour les parties animales.

II. ORGANES SEXUELS

Sont les organes *femelles*, *mâles* et les *reins*.

a. Les *organes femelles* se composent :

1. Des ovaires,
2. De l'utérus,
3. Du vagin et du clitoris,
4. Des mamelles.

b. Les *parties mâles* ne sont que les parties femelles métamorphosées.

1. Les ovaires deviennent *testicules* ;
2. L'utérus, *prostate* ;
3. Le vagin, canal de la verge, le clitoris verge ;
4. Les mamelles sont les mêmes ; elles sont dans les mammifères ce qu'est l'organe sécrétoire de l'albumen dans les oiseaux. Le lait n'est qu'un œuf délayé, ou l'œuf un lait épaissi.

c. Les *reins* font réellement partie du système sexuel, correspondent aux ovaires ou aux testicules, et peuvent être regardés comme ces organes mêmes qui ne se seraient pas encore disjoints par un développement ultérieur, enfin comme des organes sexuels hermaphrodites.

B. Parties des entrailles.

I. Intestins,

Se divisent en trois parties : en *pharynx*, *intestin-grêle* et *gros*.

A. Le *pharynx* embrasse la bouche et l'œsophage. La salive agit en poison sur les alimens.

B. L'*intestin-grêle* embrasse l'estomac, le duodenum et le véritable intestin-grêle.

1. La rate doit être regardée comme un poumon pour l'estomac *dissolvant*. Le suc gastrique en reçoit son oxigène. Le *duodenum* est l'estomac *précipitant*, par le moyen de la bile.

2. Le *foie* est la synthèse des deux systèmes vasculaires, de l'artériel et du veineux. Il est le centre des vaisseaux. Le poumon n'en est qu'un pôle, les vaisseaux capillaires représentant l'autre.

3. Le *pancréas* est pour l'intestin-grêle ce que le foie est pour le *duodenum*, et ce que la rate est pour l'estomac.

C. L'*intestin-gros* se divise en *cœcum*, en *colon* et en *rectum*.

1. Le *cœcum* est l'ancien *canal de communication* des intestins avec la vésicule ombilicale. Dans les oiseaux c'est le canal vitellaire qui correspond au cœcum. Les deux soi-disant *cœca* dans les oiseaux sont deux prolongemens de la *vessie urinaire*, nommée *cloaque*, dans lequel donne le rectum.

II. Vaisseaux.

Il y a trois sortes de vaisseaux :

A. Les vaisseaux *lymphatiques* ne sont originairement autre chose que des ramifications du canal alimentaire ou de la peau.

B. Les *artères* ne sont que les *trachées*, ou les vaisseaux aérifères remplis d'un suc nourricier, avec lequel l'oxigène ou l'air circule.

C. Les *veines* sont les vaisseaux lymphatiques des artères. Il y a *deux* troncs de vaisseaux lymphatiques : l'un pour l'intestin, c'est le *ductus thoracicus* gauche ; l'autre pour la peau, c'est le droit. Il y a *quatre* troncs de veines :

1. Veine de la *tête*, c'est la veine cave supérieure ;
2. Veine du *thorax*, c'est la veine impaire (*azygos*) ;
3. Veine du *ventre*, c'est la veine porte ;
4. Veine des *parties sexuelles*, c'est la veine cave inférieure.

Il n'y a qu'un tronc d'artères entre le poumon et le corps. Il est cependant divisé en deux, qui se suivent symétriquement sur les deux côtés du corps. C'est dans le fœtus le *canalis arteriosus* qui représente la seconde aorte.

La circulation se fait par l'opposition polaire du poumon et de chacune des autres parties du corps. Les mouvemens du cœur sont la suite et non le principe de la circulation.

III. Poumons.

A. Les organes de la respiration dans l'eau se nomment *branchies*, qui ne sont au fond que des modifications de la peau. La respiration branchiale est une respiration cutanée.

Dans les animaux inférieurs, c'est la peau elle-même qui respire ; puis elle détache des vaisseaux ramifiés ou liés en lames, et qui sont suspendus à la surface extérieure du corps, comme dans les vers. Dans les moules et les limaces, ces feuillets sont détachés de la surface intérieure de la peau, et l'eau doit être attirée par quelque orifice respiratoire.

Ces branchies internes se réunissent enfin dans les poissons pour former une suite d'anneaux, nommés arcs branchiaux, qui se changent dans la suite en anneaux nommés *trachée-artère*.

Ces arcs sont le prototype des côtes, et composés du même nombre de pièces.

Le nombre des arcs branchiaux est de *cinq*. Il paraît que les doigts sont soumis à la même loi.

L'os hyoïde peut être regardé comme l'arc branchial antérieur.

B. Le véritable *poumon* apparaît dans les insectes, sous la forme de trachées, et se combine, dans les poissons, avec les branchies, sous le nom de *vessie natatoire*, qui est un véritable poumon respirant l'air. L'organe respiratoire du poisson est composé du poumon, de la trachée-artère (arcs branchiaux) et de vaisseaux branchiaux. Dans les classes suivantes cette disposition reste ; mais les vaisseaux branchiaux se rapetissent, ne se prolongent plus en dehors, et paraissent se réunir pour former la *glande thyréoïde*, qui serait donc le reste des branchies, même dans l'homme.

Les 4 *ailes* veinées des insectes sont les 4 *lames* branchiales des moules ; les *élytres* sont les *valves*.

C. Parties animales ou de la chair,

Se divisent en *os*, *muscles* et *nerfs*.

I. Os.

Le squelette est composé de deux grandes parties, qui se correspondent mutuellement, du *tronc* et de la *tête*. Cette dernière est la répétition du premier.

La colonne vertébrale est la partie centrale du squelette. Des deux côtés du corps de la vertèbre partent deux paires d'apophyses : l'une dirigée en arrière, et nommée apophyses *épineuses ;* l'autre dirigée en avant, et nommée *côtes*. Ces côtes se raccourcissent sur le cou, se soudent avec les corps des vertèbres, et forment les *apophyses transverses perforées*. Le trou traversé par l'artère vertébrale n'est autre chose que l'*intervalle* entre les deux têtes de la côte.

Comme les côtes peuvent être considérées comme la répétition *externe* des arcs de l'artère-trachée ou des arcs branchiaux, de même les membres thorachiques peuvent s'envisager comme une troisième répétition externe des côtes. Les *cinq* arcs branchiaux des poissons en sont le prototype.

Le membre thorachique consiste dans l'*épaule*, dans le *bras* et dans la *main ;*

L'*épaule*, dans l'*omoplate*, la *fourchette* et la *clavicule ;*

Le *bras*, dans l'*humerus*, le *radius* et le *cubitus* ou l'*ulna ;*

La *main*, dans le *carpe*, *métacarpe* et les *cinq doigts*, dont celui du milieu est la *prolongation* du radius et l'annulaire du cubitus ou de l'ulna, doigt *radiaire* et *ulnaire*. Les autres doigts ne sont que des ramifications latérales.

Les membres abdominaux appartiennent, considérés physiologiquement, au système sexuel. Ils sont la répétition des membres thorachiques ; aussi les parties se correspondent parfaitement :

Os ilii = scapula ; pubis = furcula ; ischii = clavicula.

Femur = humerus ; tibia = radius ; fibula = cubitus.

Tarsus = carpus ; metatarsus = metacarpus ; pes = manus.

L'*humerus* ne manque pas dans les membres thorachiques des poissons. C'est le plus grand os de la ceinture, nommé *clavicule*. L'os en forme de fourche et articulé à la tête, est

l'*omoplate ;* l'os qui réunit les deux, est la *fourchette.* La véritable *clavicule* est la soie osseuse attachée intérieurement au
bout supérieur de l'humérus, et connue sous le nom d'*os fur-
culaire.*

Le *radius* et le *cubitus* sont soudés avec l'humérus ; puis
suivent quatre osselets du carpe et les doigts. Les soi-disant
radius et *cubitus* dans la baudroie ne sont que deux os *carpiens.*

Les pieds postérieurs des poissons sont réduits aux *doigts,*
au *tarse* et à la *jambe.*

Toutes les parties osseuses du tronc se répètent dans la *tête.*

Le crâne est composé de trois vertèbres, le visage d'une.
Chacune de ces vertèbres est destinée pour un organe de sens.

1. La *vertèbre auriculaire* est formée par les os occipitaux ;

2. La *vertèbre linguale,* par le sphénoïde postérieur et les
pariétaux ;

3. La *vertèbre oculaire,* par le sphénoïde antérieur et les
frontaux ;

4. La *vertèbre nasale,* par le vomer, les ethmoïdes et les
nasaux.

Dans les poissons, les os nommés frontaux antérieurs sont
les véritables *ethmoïdes ;* et l'os nommé ethmoïde représente
les véritables *nasaux* soudés ensemble.

Chaque vertèbre de la tête est composée de cinq parties,
comme les vertèbres cervicaux, qui en sont le type.

Vert. Cervic.	*A. Corps.*	*B. Apophyses perf.*	*C. Ap.* épineuses.
1. Vert. auric.	Basilaire.	Occip. latér.	Occip. supér.
2. Vert. ling.	Sphèn. post.	Grandes ailes.	Pariétaux.
3. Vert. ocul.	Sphèn. ant.	Petites ailes.	Frontaux.
4. Vert. nasale.	Vomer.	Ethmoïdes.	Nasaux.

Les *membres* se répètent de même dans la tête :
Les mâchoires *supérieures* sont la répétition des *bras ;*
Les mâchoires *inférieures,* celle des *pieds.*

Il y a toujours (sauf l'avortement) autant de mâchoires qu'il
y a de pieds : dans les classes à *deux* paires de pieds, toujours
deux paires de mâchoires ; dans les classes à *trois* paires de
pieds, comme dans les insectes hexapodes, aussi *trois* paires
de mâchoires ; et dans les insectes à *cinq* paires de pieds,
comme dans les écrevisses, aussi *cinq* paires de mâchoires.
Toutes les formes des organes de la bouche, dans les insectes
hexapodes, peuvent être réduites à trois paires de mâchoires.

Les mâchoires ou les pieds de la tête sont enfin composés
du même nombre d'os que ceux du tronc.

La mâchoire *inférieure* des oiseaux, des reptiles et des

poissons permet de distinguer plus ou moins ces parties. Elle montre les os *pelviques*, les *cruraux* et ceux du *pied*.

A. Le *bassin* de la mâchoire inférieure est composé :

1. De l'*os articulaire*, correspondant à l'os *ilii* ;
2. De l'*os angulaire* = os ischion ;
3. De l'*os supplémentaire* = os pubis.

B. Les *os cruraux* de la mâchoire inférieure sont composés :

1. De l'*os coronoïde* = cuisse ;
2. De l'*os operculaire* = jambe.

C. Le *pied* de la mâchoire inférieure est composé :

1. Du *dentaire* = tarse ;
2. Des *dents* = doigts et ongles.

La mâchoire *supérieure* est composée des mêmes pièces que le membre thorachique, et elles sont même visibles dans les mammifères.

A. Épaule de la mâchoire supérieure.

1. *Os temporal* = scapula ;
2. *Conduit* auditif externe = furcula ;
3. *Caisse* = clavicula.

B. Bras.

1. *Os jugal* = humérus ;
2. L'*apophyse postérieur* et la *jugale* de la mâchoire supérieure = radius et ulna, très-distinctes dans les oiseaux et dans le cabiai.

C. Main.

1. Les *dents* sont les doigts ou les ongles : la canine répond au pouce ; les fausses molaires à l'index ; etc.
2. L'os de la *mâchoire supérieure* correspond au carpe, et est composé de plusieurs pièces visibles même dans le fœtus de l'homme. Une de ces pièces est pour la canine, une pour les fausses molaires, et les trois autres pour les vraies molaires (1).

La philosophie de la nature démontre que le corps annelé des insectes représente la trachée-artère, et que, par conséquent, ses pieds ne peuvent pas être de vrais membres. Ils ne sont que des *trachées* ou des *branchies* endurcies, et par-là deve-nus capables de servir comme organes de mouvement. Cette

---

(1) J'ai démontré l'identité des mâchoires des insectes avec leurs pieds dans ma *Philosophie de la nature*, imprimée en 1811, et dans ma *Grande Hist. nat.*, 1815.

(43)

signification des pieds des insectes est facilement démontrable dans la classe des crustacéés.

Les *mâchoires* des insectes ne répètent donc pas des pieds, mais des *appendices branchiales*, et sont, par conséquent, des *organes viscéraux*. Elles sont des *arcs branchiaux* ouverts en avant, ou des mâchoires pharyngiennes.

Les trois mâchoires internes ou *viscérales* des insectes se sont conservées dans les quatre classes supérieures.

1. L'appareil *palatin* répète les mâchoires supérieures ou les *mandibules*. Il est composé des os *ptérigoïdes* ou homoïdes, des *palatins* et des *intermaxillaires*. Celles-ci ont atteint la forme parfaite des mâchoires, en ce qu'elles se rangent sur la même ligne, et qu'elles sont garnies de dents. Elles correspondent à la main, les *palatins* au carpe, les *ptérigoïdes* à l'avant-bras. C'est la *mâchoire palatine*.

2. L'*os hyoïde* répète la mâchoire inférieure ou les maxillaires. Il est composé du *styloïde* et de l'*hyoïde* lui-même, divisé en plusieurs pièces, qui correspondent aux pièces des arcs branchiaux, et enfin au pied. C'est la *mâchoire linguale*.

3. Les *os de l'oreille* répètent la lèvre inférieure, qui est aussi une paire de mâchoires connées. Le *rocher*, composé de deux os soudés, représente la *hanche* et le *pubis*; le *mastoïde* l'os *ischion*. Pour le fémur, la jambe et la main sont l'*étrier*, l'*enclume* et le *marteau*. C'est la *mâchoire auriculaire*.

C'est dans les oiseaux que le *conduit auditif externe* se détache, pour former un os particulier, nommé *os carré*, anneau tympanal et caisse.

Dans les reptiles commencent à se détacher aussi le *temporal* et le *mastoïde*. C'est surtout dans les serpens que celui-ci forme avec l'os carré un arc entièrement détaché de la tête.

Dans les poissons, cette disposition reste, et les os détachés sont encore augmentés par un os nommé *préopercule*, et par les trois pièces du véritable opercule, nommées *opercule*, *sub-opercule* et *interopercule*.

Cet appareil operculaire des poissons est composé de *quatre* mâchoires, savoir :

1. De l'*épaule* et de l'*humerus* de la mâchoire supérieure. Cette partie fait la charpente operculaire; les autres parties ne sont que des appendices.

2. De la *racine* de la mâchoire *palatine*, ou première viscérale;

3. De la *racine* de la mâchoire *linguale*, ou seconde viscérale;

4. De la *troisième* mâchoire viscérale, qui est le véritable opercule.

Pour en donner la démonstration, il faut d'abord chercher la signification des os impliqués dans l'appareil operculaire.

A. L'os qu'on nomme ordinairement os carré ou caisse, est le *mastoïde*, détaché comme dans les serpens.

Le préopercule est composé de deux os, laissant entre eux un trou qui répond au conduit auditif externe. L'os *antérieur* est l'*os de ce conduit;* le postérieur, ou le préopercule proprement dit, est donc la *caisse*. L'os au-dessus de l'os du conduit auditif est naturellement le *temporal*. Ces trois os forment donc l'*épaule* de la mâchoire supérieure. Tous les trois aboutissent au pédicule de la mâchoire proprement dite, qui est le *jugal* ou l'humérus. Voilà donc la charpente centrale de l'appareil operculaire.

B. En avant de cette charpente sont situés les deux *ptérigoïdes* ou homoïdes, suivis du palatin, qui soutient l'intermaxillaire. C'est donc la mâchoire viscérale supérieure ou *palatine.*

C. En dedans de cette charpente est situé l'*os hyoïde*, dont le *styloïde* aboutit au *mastoïde* et à la *caisse*, comme dans les mammifères. Voilà la mâchoire viscérale moyenne ou *linguale.*

D. Le *mastoïde* (l'os carré) est suspendu, comme dans les serpens et les autres reptiles, au rocher pris communément pour la grande aile du sphénoïde. Or, le rocher et le mastoïde formant le *bassin* de la mâchoire auriculaire, le mastoïde doit en être l'os ischion.

Le véritable opercule aboutissant au mastoïde, ne peut donc représenter que les osselets de l'ouïe. Ainsi, l'idée de M. *Geoffroy-Saint-Hilaire* doit être approuvée. L'*opercule* est l'étrier; le *subopercule*, l'enclume ; et l'*interopercule*, le marteau.

Le nombre des mâchoires dans les animaux supérieurs est donc de cinq, ainsi que dans les écrevisses. Le nombre des pieds thorachiques, dans ces dernières, est aussi de cinq ; celui des pieds abdominaux ou caudaux de même. Les premiers répondent aux cinq doigts de la main, les derniers aux cinq doigts du pied. Le nombre des mâchoires est également de cinq dans les deux cas. Le nombre de tous les membres est donc *trois fois cinq.*

(On trouvera la plus grande partie de ces idées détaillées dans mon programme sur *la Signification des os de la tête*, 1807; dans ma *Philosophie de la nature*, 1811 ; dans ma *Grande Hist. naturelle*, et dans plusieurs Mémoires insérés dans l'*Isis*, avec des figures. On ne sera pas étonné si l'on vient à rencontrer des variations dans une doctrine qui est une des plus profondes de la philosophie de la nature.)

II. Muscles.

Les muscles étant la répétition des vaisseaux, entourent les os, ainsi que ceux-ci l'intestin. Il serait trop long d'entrer ici dans tous les détails.

III. Nerfs.

Les nerfs étant la répétition des trachées, se répandent dans toutes les parties, ainsi que les trachées des insectes.

On voit par-là que ce sont les significations qui donnent les explications.

La partie la plus élevée d'un organe principal, en se combinant avec les nerfs, se métamorphose en organe de *sens*.

1. Les *vaisseaux* combinés avec les nerfs, sont l'organe du *toucher* ou le tact. Le *toucher* est un acte de *cohésion*, dans la peau.

2. L'*intestin* devient l'organe du *goût*. La *gustation* est un acte *chimique*, dans la langue.

3. Le *poumon* devient l'organe de l'*odorat*. L'*odorat* est un acte *électrique*, dans le *nez*.

4. Les organes du *mouvement* deviennent l'organe de l'*ouïe*. L'*audition* est un acte *magnétique*, dans l'oreille.

5. Le système *nerveux* se métamorphose enfin dans l'organe de la *vue*. La *vision* est un acte de la *lumière*, dans l'œil.

Je ne puis donner ici avec détails ces résultats de ma physiologie.

II. SYSTÈME DES ANIMAUX.

Nous avons donc trouvé, comme parties principales du corps animal, les suivantes :

A. Parties viscérales ou cutanées.

a. Parties du germe :

1. *Sperme*,
2. *OEuf*,
3. *Enveloppes du fœtus*.

b. Parties sexuelles :

4. *Reins*,
5. Parties *femelles*,
6. Parties *mâles*.

(46)

c. Parties des entrailles :

    7. *Intestin*,
    8. *Vaisseaux* (veines),
    9. *Poumon* (trachées et branchies).

B. PARTIES DE LA CHAIR.

    10. *Os,*
    11. *Muscles,*
    12. *Nerfs.*

C. PARTIES DES SENS.

    13. *Sens.*

Or, nous soutenons que le règne animal s'est développé dans le même ordre que les organes dans le corps animal, et que ce sont ces *organes* qui forment, caractérisent et représentent les *classes.* Nous voyons que le règne animal commence par les *infusoires*, qui correspondent, en tout sens, au *sperme.* Ces infusoires ou cette masse gélatineuse s'entoure dans les *coraux* d'une croûte calcaire comme les œufs ; cette croûte devient organisée dans les *zoophytes* comme les *enveloppes fétales* de l'œuf. Dans les *méduses* apparaissent des vaisseaux *aquifères* comme dans les *reins ;* le premier *ovaire* parfait, sans parties mâles, se forme dans les *moules*, qui sont donc caractérisées par cet organe. Nous trouvons les premières parties *mâles* dans les *limaces.* Les *vers* présentent les premiers un corps *annelé* et en forme d'*intestin ;* les *crabes* les premiers pieds, ou plutôt les premiers *vaisseaux* branchiaux transformés en pieds, qui sont en outre plus nombreux que dans les autres classes. Les *insectes hexapodes* produisent enfin des vrais *poumons* ou *trachées.* Voilà une suite non interrompue d'animaux parallèles aux organes. Les *poissons* présentent les premiers des *os*, mais des narines fermées en arrière ; les *reptiles*, des véritables *muscles*, des narines percées entièrement, mais des oreilles fermées ; les oiseaux, un système *nerveux* complet, et des narines et des oreilles ouvertes. Les *mammifères*, enfin, sont les seuls animaux dans lesquels tous les organes des sens sont parfaitement et complétement développés.

On est par conséquent autorisé, par ces données, à soutenir que les *classes* des animaux sont caractérisées par les *organes*, et qu'il y a *autant* des classes d'animaux qu'il y a d'organes ; qu'enfin, dans un système scientifique, ces classes doivent recevoir leurs dénominations des organes. Comme cela n'a pas été fait jusqu'ici, il est naturel que la terminologie en doit être inusitée. Nous avons préféré de donner de légères inflexions à des mots français que de fabriquer des noms grecs barbares. On s'en moquera à la première vue; mais on finira par en reconnaître la nécessité, et que les inflexions sont conformes au génie de la langue. Pourquoi jeter ses propres richesses pour aller quêter à l'étranger ?

Les *classes* des animaux et leurs dénominations scientifiques sont donc comme il suit :

A. ANIMAUX A VISCÈRES OU A PEAU. *Viscériers, peaussiers.*
SANS CHAIR.

a. Animaux à germe. *Germiers.* Polypes.

1. Animaux à sperme.	— *Spermiers.*	— *Infusoires.*
2. Animaux à œuf.	— *Oviers.*	— *Coraux.*
3. Animaux à enveloppes.	— *Féliers.*	— *Zoophytes.*

b. Animaux à sexe. *Sexiers.* Mollusques

4. Animaux à reins.	— *Reiniers.*	— *Radiaires.*
5. Animaux à parties femell.	— *Femelliers.*	— *Moules.*
6. Animaux à parties mâles.	— *Masculiers.*	— *Limaces.*

c. Animaux à entrailles. *Entrailliers.* Insectes.

7. Animaux à intestins.	— *Intestiniers*	— *Vers.*
8. Animaux à vaisseaux.	— *Veiniers.*	— *Crabes.*
9. Animaux à poumons.	— *Pulmoniers.*	— *Mouches.*

B. ANIMAUX A CHAIR. *Carniers.* AVEC CHAIR.

10. Animaux à os.	— *Ossiers.*	— *Poissons.*
11. Animaux à muscles.	— *Musculiers.*	— *Reptiles.*
12. Animaux à nerfs.	— *Nerviers.*	— *Oiseaux.*

C. ANIMAUX A SENS.

13. Animaux à sens.	— *Sensiers.*	— *Mammifères.*

Les caractères des classes étant donnés par leurs organes significatifs, nous croyons inutile de les exposer comme nous l'avons fait pour les plantes.

Il est de même clair que les *trois* premières classes ne consistent qu'en un seul *ordre*, les *trois* suivantes en *deux*, les *trois* subséquentes en *trois*, les *trois* supérieures en *quatre*, et enfin la suprême en *cinq*, d'après les degrés d'organes dont ces classes sont composées.

Il est aussi évident que les *germiers* se divisent en *trois tribus*, les *sexiers* en *six*, les *entrailliers* en *neuf*, les *carniers* en *douze* et une sensiére, les *sensiers* enfin en *treize*. La treizième tribu se subdivise cependant, d'après les cinq sens, en cinq familles de plus, qui équivalent à des tribus ; ce qui fait dix-sept tribus.

Quant aux *genres*, chaque famille viscérale en contient neuf, d'après ses neuf parties viscérales ; chaque famille carniére contient *trois* genres de plus, hormis la famille sensière, qui ne peut naturellement en contenir plus de cinq. C'est par cette raison que les familles des animaux sensiers ou des mammifères ne peuvent renfermer chacune que cinq genres.

La table en fera facilement saisir les raisons. Nous donnons ici la norme pour une tribu.

TRIBU DES CANARDS.

I. Famille. — *Canards germiers.*

1. G. Canard fétier.   — *Colymbus.*
2. G. Canard ovier.   — *Alca.*
3. G. Canard spermier. — *Aptenodytes.*

II. Famille. — *Canards sexiers.*

4. G. Canard reinier.   — *Rhynchops.*
5. G. Canard femellier. — *Larus, sterna.*
6. G. Canard masculier.— *Diomedia, procellaria.*

III. Famille. — *Canards entrailliers.*

7. G. Canard intestinier.— *Plotus.*
8. G. Canard pulmonier.— *Phaeton.*
9. G. Canard veinier.   — *Pelecanus.*

IV. Famille. — *Canards carniers.*

10. G. Canard ossier.   — *Mergus.*
11. G. Canard musculier.— *Anas.*
12. G. Canard nervier.   — *Phœnicopterus.*

Les genres sont distribués d'après leur *organe caractéristique*. Dans la tribu des *pachydermes*, par exemple, l'organe caractéristique de l'*éléphant* est sans doute le *nez*; il prend donc la place du genre nasier. Ayant, dans le cadre de la tribu des *pachydermes*, l'éléphant comme un point fixe, il n'est pas difficile d'assigner la place convenable aux animaux congénères de l'éléphant; par exemple :

1. Pachyderme peaussier (ou à toucher);

2. P. languier ;

3. P. nasier, *éléphant* ;

4. P. oreillier ;

5. P. oculier.

L'animal immédiatement inférieur à l'éléphant, est l'*hippopotame*, qui se distingue, en outre, par ses dents formidables, caractère tenant de la langue ; c'est donc le *languier*. Le *cochon* le suit vers le bas de l'échelle. C'est, par tous ses rapports, le *peaussier* ou le pachyderme qui emploie le plus l'acte du *toucher*. Voilà trois genres placés.

Au-dessus de l'éléphant, c'est le *rhinocéros*, qui se distingue par ses *oreilles* et son ouïe. Suit le *cheval*, comme le pachyderme le plus noble, et distingué par ses yeux et l'étendue de sa vue. La tribu s'établit donc de la manière suivante :

1. G. P. peaussier, *cochon* ;

2. G. P. languier, *hippopotame* ;

3. G. P. nasier, *éléphant* ;

4. G. P. oreillier, *rhinocéros* ;

5. G. P. oculier, *cheval*.

Dans aucune tribu les genres ne sont si bien caractérisés par les organes des sens que dans celle des *chauve-souris*. Le genre *ptéropus* est sans doute le plus élevé, et éminemment distingué par la grandeur de ses *yeux*. Cherchez la chauve-souris distinguée de toutes les autres par sa *langue*, vous trouverez le *phyllostoma*. Le *nez* unique, dans le règne animal, se présente dans le *rhinolophus*; les oreilles à peu près aussi grandes que le corps entier, et comme au-dessus de la tête dans le *molossus*. Voilà quatre genres rangés d'eux-mêmes d'après l'ordre des sens; restent les *vespertilions* ordinaires distingués par leur simple peau latérale, et occupant la place inférieure.

1. La chauve-souris caractérisée par la *peau*, c'est le *vespertilio*, auquel se réunissent *plecotus*, *taphozous* et *stenoderma*.

2. La chauve-souris caractérisée par la *langue* protractile, c'est le seul *phyllostoma*.

3. La chauve-souris caractérisée par le *nez* singulièrement figuré, ce sont le *rhinolophus*, le *nycteris* et le *noctilio*.

4. La chauve-souris caractérisée par les *oreilles*, c'est le *molossus*, avec ses congénères, le *nyctinomus*, le *rhinopoma* et le *megaderma*.

5. La chauve-souris caractérisée par les *yeux*, c'est le *ptéropus*.

Une tribu qui de même s'arrange facilement d'après les organes des sens, c'est celle des *singes*.

1. Le singe *peaussier* est le *galeopithecus*, muni d'une membrane latérale.

2. Le singe *languier* est le *lemur*, à museau long et pointu;

3. Le singe *nasier*, le *lori*, à nez proéminent;

4. Le singe *oreillier*, le *tarsier* et le *galago*, avec des oreilles énormes.

5. Le singe *oculier* enfin est l'ancien genre singe.

L'homme lui-même se divise en cinq races, d'après les cinq sens :

1. La race qui se distingue par la *peau* de toutes les autres, est sans doute celle du *Nègre*.

2. Celle qui est caractérisée par la *langue*, la *bouche*, et par son *goût*, c'est la race *malaie*.

3. Celle dont le *nez* fait partie des caractères, et dont l'odorat est exquis, est celle de l'*Américain*.

4. Les *Mongoles* n'ont point de lobule à l'*oreille*.

5. La race *caucasienne* enfin est la plus élevée, et a les *yeux* les plus parfaits.

Voilà le principe d'après lequel nous avons cherché à placer les animaux. Dans les classes inférieures, les organes caractéristiques étant moins prononcés et parfois moins connus, il est évident que l'emplacement scientifique ne peut pas toujours réussir, surtout dans ce premier jet que nous hasardons.

Le premier arrangement, et surtout les principes scientifiques, une fois donnés, il sera plus facile à ceux qui s'occupent exclusivement des classes particulières, de compléter l'encadrement.

TABLE DU SYSTÈME DES ANIMAUX.

A. ANIMAUX SANS CHAIR.

I. DEGRÉ. — ANIMAUX A GERME. GERMIERS.

POLYPES OU ANIMAUX GÉLATINEUX.

I. CLASSE. — SPERMIERS.

INFUSOIRES.

I. TRIBU. *Inf. Spermiers.* Monades.	II. TRIBU. — *I. Oviers.* Trichodes.	III. TRIBU. — *Inf. fétiers.* Vorticelles.
I. FAM. — *M. germières.*	I. FAM. — *T. Germiers.*	I. FAM. — *V. germières.*
1. M. spermière. Monas.	1. T. sp. Trichoda.	1. V. sp. Vorticella.
2. M. ovière. Volvox.	2. T. ov. Leucophra.	2. V. ov. Tintinnus.
3. M. fétière. Proteus.	3. T. f. Trichocerca.	3. V. f. Vaginaria.
II. FAM. — *M. sexières.*	II. FAM. — *T. sexiers.*	II. FAM. — *V. sexières.*
4. M. reinière. Colpoda.	4. T. r. Ceratium.	4. V. r. Limnias.
5. M. femellière. Paramæc.	5. T. f. Kerone.	5. V. f. Folliculina.
6. M. masculière. Cyclid.	6. T. m. — —	6. V. m. Melicerta.
III. FAM. — *M. entraillières.*	III. FAM. — *T. entrailliers.*	III. FAM. — *V. entraillières.*
7. M. intestinière. Vibrio.	7. T. int. Ecclissa.	7. V. int. Cristatella.
8. M. veinière. Cercaria.	8. T. v. Rotifer.	8. V. v. Tubularia.
9. M. pulmonière. Trach.	9. T. p. Brachionus.	9. V. p. Hydra.

II. CLASSE. — OVIERS.

CORAUX.

I. TRIBU. — *C. Spermiers.* Cellepores.	II. TRIBU. — *C. Oviers.* Tubipores.	III. TRIBU. — *C. Fétiers.* Isides.
1. C. sp. Nodularia.	1. T. sp. Nullipora.	1. I. sp. Isis.
2. C. o. Opuntia.	2. T. o. Frondipora.	2. I. o. Melitæa.
3. C. f. Pavonia.	3. T. f. Millepora.	3. I. f. Hippurium.
4. C. r. Galaxaura.	4. T. r. Madrepora.	4. I. r. — —
5. C. f. Lyagora.	5. T. f. Fungia.	5. I. f. — —
6. C. m. Acetabulum.	6. T. m. Mæandra.	6. I. m. Umbellaria.
7. C. int. Eschara.	7. T. int. — —	7. I. int. Encrinus.
8. C. v. Cellepora.	8. T. v. — —	8. I. v. — —
9. C. p. Spongites.	9. T. p. Tubipora.	9. I. p. Pentacrinus.

III. CLASSE. — FÉTIERS.

ZOOPHYTES.

I. TRIBU. — *Z. Spermiers.* Cellulaire.	II. TRIBU. — *Z. Oviers.* Tubulaires.	III. TRIBU. — *Z. Fétiers.* Eponges.
1. C. sp. — —	1. T. sp. Fistulina.	1. E. sp. Tupha.
2. C. o. — —	2. T. o. Coryne.	2. E. o. Manon.
3. C. f. Flustra.	3. T. f. Calamella.	3. E. f. Spongia.
4. C. r. Bugula.	4. T. r. Sertularia.	4. E. r. — —
5. C. f. Scruparia.	5. T. f. Pennaria.	5. E. f. Alcyonium.
6. C. m. — —	6. T. m. Halecium.	6. E. m. Alcyonium, arb.
7. C. int. Cellularia.	7. T. int. Antipathes.	7. E. int. Veretillum.
8. C. v. Salicorniaria.	8. T. v. Gorgonia.	8. E. v. Renilla.
9. C. p. Falcaria.	9. T. p. Placomus.	9. E. p. Pennatula.

II. DEGRÉ. — ANIMAUX A SEXE. SEXIERS.

MOLLUSQUES.

IV. CLASSE. — REINIERS.

RADIAIRES.

I. ORDRE. — RADIAIRES GERMIÈRES.

I. TRIBU.—*R. Spermières.* Physales.	II. TRIBU.—*R. Ovières.* Béroës.	III. TRIBU. — *R. Fétières.* Méduses.
1. Ph. sp. Rhizophysa.	1. B. sp. Cestum.	1. M. sp. Berenice.
2. Ph. o. — —	2. B. o. Janira.	2. M. o. Geryonia.
3. Ph. f. — —	3. B. f. Callianira.	3. M. f. Limnorea.
4. Ph. r. Physsophora.	4. B. r. Beroë.	4. M. r. Ephyra.
5. Ph. f. — —	5. B. f. Idya.	5. M. f. Ocyrhoë.
6. Ph. m. Stephanomia.	6. B. m. Diphyes.	6. M. m. Cephea.
7. Ph. int. — —	7. B. int. Gleba.	7. M. int. Oceania.
8. Ph. v. — —	8. B. v. Porpita.	8. M. v. Phorcynia.
9. Ph. p. Arethusa.	9. B. p. Velella.	9. M. p. Callirrhoë.

II. ORDRE. — RADIAIRES SEXIÈRES.

IV. TRIBU.—*R. Reinières.* Actinies.	V. TRIB.—*R. Femellières.* Holothuries.	VI. TRIB.—*R. Masculières.* Astéries.
1. A. sp. Lucernaria.	1. H. sp. Gordius.	1. A. sp. Echinus.
2. A. o. — —	2. H. o. Nemertes.	2. A. o. Spatangus.
3. A. f. — —	3. H. f. Sipunculus.	3. A. f. Echinanthue.
4. A. r. Thethya.	4. H. r. Priapulus.	4. A. r. Euryale.
5. A. f. — —	5. H. f. Minyas.	5. A. f. Comatula.
6. A. m. Zoantha.	6. H. m. Molpadia.	6. A. m. Ophiura.
7. A. int. Cereus.	7. H. int. Thyone.	7. A. int. — —
8. A. v. Metridium.	8. H. v. Subuculus.	8. A. v. — —
9. A. p. Actinia.	9. H. p. Holothuria.	9. A. p. Asterias.

V. CLASSE. — FEMELLIERS.

MOULES.

I. ORDRE. — MOULES GERMIÈRES.

TRIBU.—*M. spermières.* Palourdes.	II. TRIBU. — *M. ovières.* Chames.	III. TRIBU. — *M. fétières.* Sourdons.
1. P. sp. Pyrosoma.	1. Ch. sp. Aulus.	1. S. sp. Pandora.
2. P. o. Mammaria.	2. Ch. o. Tellina.	2. S. o. Corbula.
3. P. f. Salpa.	3. Ch. f. Donax.	3. S. f. Loripes, Lucina
4. P. r. Botryllus.	4. Ch. r. Cyclas.	4. S. r. Psilopus.
5. P. f. Ascidia.	5. Ch. f. Mactra.	5. S. f. Concholepas.
6. P. m. Teredo.	6. Ch. m. Venus.	6. S. m. Chama, Glossus.
7. P. int. Pholas.	7. Ch. int. Petricola.	7. S. int. Venericardia.
8. P. v. Mya.	8. Ch. v. Saxicava.	8. S. v. Cardissa.
9. P. p. Solen.	9. Ch. p. Arthemis.	9. S. p. Cardium.

II. Ordre. — Moules sexières.

IV. Tribu.—*M. reinières.* Arches.	V. Tribu.—*M. femellières.* Huîtres.	VI. Tr. — *M. masculières.* Balanes.
1. A. sp. Trigonia.	1. H. sp. Anomia.	1. B. sp. Orbicula.
2. A. o. Arca.	2. H. o. Tudes.	2. B. o. Lingula.
3. A. f. Axinæa.	3. H. f. Ostreum.	3. B. f. Terebratula.
4. A. r. Arcinella.	4. H. r. Placuna.	4. B. r. Branta.
5. A. f. Unio.	5. H. f. Glaucion.	5. B. f. Lepas.
6. A. m. Limnium,	6. H. m. Pecten.	6. B. m. Mitella.
7. A. int. Mytilus.	7. H. int. Melina.	7. B. int. Tubicinella.
8. A. v. Anonica.	8. H. v. Spondylus.	8. B. v. Balanus.
9. A. p. Pinna.	9. H. p. Tridachna.	9. B. p. Coronula.

VI. CLASSE.— MASCULIERS.

LIMACES.

I. Ordre. — Limaces germières.

I. Tribu.— *L. spermières.* Patelles.	II. Tribu.—*L. ovières.* Licoches.	III. Tribu. — *L. fétières.* Limaçons.
1. P. sp. Chiton.	1. L. sp. Tritonia, Aeólis	1. L. sp. Bullinus, Plan.
2. P. o. Patella.	2. L. o. Scyllœa.	2. L. o. Limnæa.
3. P. f. Capulus.	3. L. f. Thetis.	3. L. f. Marsyas.
4. P. r. Navicella.	4. L. r. Phyllidia.	4. L. r. Onchidium.
5. P. f. Crepidula.	5. L. f. Pleurobranchus	5. L. f. Limax.
6. P. m. Calyptræa.	6. L. m. Pleurobranch.	6. L. m. Testacella.
7. P. int. Emarginula.	7. L. int. Doris.	7. L. int. — —
8. P. v. Fissurella.	8. L. v. Aplysia.	8. L. v. Helix.
9. P. p. Haliotis.	9. L. p. Acera.	9. L. p. Pythia.

II. Ordre. — Limaces sexières.

IV. Tribu. — *L. reinières.* Toupies.	V. Tribu.—*L. femellières.* Volutes.	VI. Trib.—*L. masculières.* Seiches.
1. T. sp. Cyclostoma.	1. V. sp. Cypræa, Bulla.	1. S. sp. Phyllirrhoë.
2. T. o. Paludina.	2. V. o. Conus.	2. S. o. Glaucus.
3. T. f. Janthina.	3. V. f. Voluta.	3. S. f. Pterotrachea.
4. T. r. Valvata.	4. V. r. Murex.	4. S. r. Hyalœa.
5. T. f. Clathrus.	5. V. f. Cerithium.	5. S. f. Clio, Cymbulia.
6. T. m. Nerita.	6. V. m. Vibex.	6. S. m. Pneumodermon
7. T. int. Turbo.	7. V. int. Sigaret.	7. S. int. Argonauta.
8. T. v. Trochus.	8. V. v. Buccinum.	8. S. v. Nautilus.
9. T. p. Phasianella.	9. V. p. Strombus.	9. S. p. Sepia.

III. DEGRÉ. — ANIMAUX A ENTRAILLES. ENTRAILLIERS.

INSECTES.

VII. CLASSE. — INTESTINIERS.

VERS.

I. ORDRE. — VERS GERMIERS.

I. Tribu. — *V. spermiers.* Hydatides.	II. Tribu. — *V. oviers.* Ténias.	III. Tribu. — *V. fétiers.* Ligules.
1. H. sp. Echinococcus.	1. T. sp. Tænia.	1. L. sp. Ligula.
2. H. o. — —	2. T. o. — —	2. L. o. — —
3. H. f. — —	3. T. f. — —	3. L. f. — —
4. H. r. Polycephalus.	4. T. r. Botriocephalus.	4. L. r. Tetrarhynchus.
5. H. f. — —	5. T. f. — —	5. L. f. — —
6. H. m. — —	6. T. m. — —	6. L. m. — —
7. H. int. Cystycercus.	7. T. int. Tricuspidaria.	7. L. int. Anthocephalus.
8. H. v. — —	8. T. v. — —	8. L. v. — —
9. H. p. — —	9. T. p. — —	9. L. p. Echinorhynchus.

II. ORDRE. — VERS SEXIERS.

IV. Tribu. — *V. reiniers.* Douves.	V. Tribu. — *V. femelliers.* Lernées.	VI. Tribu. — *V. masculiers.* Ascarides.
1. D. sp. Caryophyllus.	1. L. sp. Phœnicurus.	1. A. sp. Filaria.
2. D. o. — —	2. L. o. Phylline.	2. A. o. Trichocephalus.
3. D. f. — —	3. L. f. Axine.	3. A. f. Oxyuris.
4. D. r. Polystoma.	4. L. r. Clavella.	4. A. r. Cucullanus.
5. D. f. Pentastoma.	5. L. f. — —	5. A. f. Ophiostoma.
6. D. m. — —	6. L. m. — —	6. A. m. Ascaris.
7. D. int. Distoma.	7. L. int. Peunella.	7. A. int. Spiroptera.
8. D. v. Amphystoma.	8. L. v. Pennatula filos.	8. A. v. Physaloptera.
9. D. p. Monostoma.	9. L. p. Lernæa.	9. A. p. Strongylus.

III. ORDRE. — VERS ENTRAILLIERS.

VII. Tb. — *V. intestiniers.* Lombrics.	VIII. Tribu. — *V. veiniers.* Néréides.	IX. Tb. — *V. pulmoniers.* Serpules.
1. L. sp. Planaria.	1. N. sp. Polydora.	1. S. sp. Terebella.
2. L. o. Hirudo.	2. N. o. — —	2. S. o. — —
3. L. f. — —	3. N. f. Arenicola.	3. S. f. Amphitrite.
4. L. r. Nais.	4. N. r. Spio.	4. S. r. Spirographis.
5. L. f. Lumbricus.	5. N. f. Nereis.	5. S. f. Ocreale.
6. L. m. — —	6. N. m. Amphinome.	6. S. m. Serpula.
7. L. int. — —	7. N. int. Eumolpe.	7. S. int. Dentalium.
8. L. v. Thalassema.	8. N. v. — —	8. S. v. Siliquaria.
9. L. p. — —	9. N. p. Aphrodite.	9. S. p. Arytene.

VIII. CLASSE. — VEINIERS.

CRABES.

I. ORDRE. — CRABES GERMIERS.

I. TRIBU.—*Cr. spermiers.* Daphnies.	II. TRIBU. — *Cr. oviers.* Cyclopes.	III. TRIBU.—*Cr. fétiers.* Argules.
1. D. sp. Cypris.	1. C. sp. Monoculus.	1. A. sp. Anops.
2. D. o. Cythere.	2. C. o. — —	2. A. o. Chondracantha.
3. D. f. — —	3. C. f. — —	3. A. f. Dichelestium.
4. D. r. Lynceus.	4. C. r. Cyclops.	4. A. r. Calygus.
5. D. f. — —	5. C. f. — —	5. A. f. Argulus.
6. D. m. — —	6. C. m. Zoë.	6. A. m. Cecrops.
7. D. int. — —	7. C. int. Eulimene.	7. A. int. Trilobites.
8. D. v. Daphnia.	8. C. v. Artemisia.	8. A. v. Apus.
9. D. p. Limnadia.	9. C. p. Ino, Branchipus	9. A. p. Limulus.

II. ORDRE. — CRABES SEXIERS.

IV. TRIBU. — *Cr. reiniers.* Cloportes.	V. TRIB.— *Cr. femelliers.* Crevettes.	VI. TRIB.—*Cr. masculiers.* Ecrevisses.
1. C. sp. Cyamus.	1. C. sp. Corophium.	1. E. sp. Phyllosoma.
2. C. o. Cymothoa.	2. C. o. Talitrus.	2. E. o. Nebalia.
3. C. f. Sphæroma.	3. C. f. Gammarus.	3. E. f. Mysis.
4. C. r. Idotea.	4. C. r. Phronyma.	4. E. r. Astacus.
5. C. f. Asellus.	5. C. f. — —	5. E. f. Hippa.
6. C. m. Oniscus.	6. C. m. — —	6. E. m. Pagurus.
7. C. int. Caprella.	7. C. int. Erichthus.	7. E. int. Matut.
8. C. v. Leptomera.	8. C. v. Coronis.	8. E. v. Maja.
9. C. p. Typhis.	9. C. p. Squilla.	9. E. p. Cancer.

III. ORDRE. —CRABES ENTRAILLIERS.

VII. TRIBU.—*Cr. intestin.* Scolopendres.	VIII. TRIB.—*C. veiniers.* Mites.	IX. TR.—*Cr. pulmoniers.* Araignées.
1. S. sp. Nymphon.	1. M. sp. Pediculus.	1. A. sp. Trogulus.
2. S. o. Phoxichilus.	2. M. o. Nirmus.	2. A. o. Phalangium.
3. S. f. Pycnogonum.	3. M. f. Caris.	3. A. f. Aranea.
4. S. r. Podura.	4. M. r. Argas.	4. A. r. Obisium.
5. S. f. Smynthurus.	5. M. f. Ixodes.	5. A. f. Solpuga.
6. S. m. Lepisma.	6. M. m. Scirus.	6. A. m. — —
7. S. int. Glomeris.	7. M. int. Acarus.	7. A. int. Phrynus.
8. S. v. Julus.	8. M. v. Trombidium.	8. A. v. Thelyphonus.
9. S. p. Scolopendra.	9. M. p. Hydrachna.	9. A. p. Scorpio.

IX. CLASSE. — PULMONIERS.

MOUCHES.

I. ORDRE. — MOUCHES GERMIÈRES.

I. TRIB. — *M. spermières.* Punaises.	II. TRIBU. — *M. ovières.* Grillons.	III. TRIBU. — *M. fétières.* Libellules.
1. P. sp. Chermes.	1. G. sp. Xenos.	1. L. sp. Psocus.

2. P. o. Aphis.	2. G. o. Forficula.	2. L. o. Termes.
3. P. f. Trips.	3. G. f. Blatta.	3. L. f. Raphidia.
4. P. r. Cercopis.	4. G. r. Gryllus.	4. L. r. Panorpa.
5. P. f. Cicada.	5. G. f. Grillotalpa.	5. L. f. Hemerobius.
6. P. m. Fulgora.	6. G. m. Locusta.	6. L. m. Phryganea.
7. P. int. Cimex.	7. G. int. Mantis.	7. L. int. Ephemera.
8. P. v. Notonecta.	8. G. v. Phyllium.	8. L. v. Libellula.
9. P. p. Nepa.	9. G. p. Phasma.	9. L. p. Myrmeleon.

II. Ordre. — Mouches sexières.

IV. Tribu.— *M. veinières.* Taons.	V. Tribu.—*M. femellières.* Abeilles.	VI. Tr. — *M. masculières.* Papillons.
1. T. sp. Pulex.	1. A. sp. Formica.	1. P. sp. Pterophorus.
2. T. o. Culex.	2. A. o. Mutilla.	2. P. o. Tinea.
3. T. f. Tipula.	3. A. f. Chrysis.	3. P. f. Tortrix.
4. T. r. Hippobosca.	4. A. r. Sphex.	4. P. r. Botys.
5. T. f. Musca, OEstrus.	5. A. f. Vespa.	5. P. t. Phalæna.
6. T. m. Leptis.	6. A. m. Apis.	6. P. m. Noctua.
7. T. int. Bombylius.	7. A. int. Cynips.	7. P. int. Bombyx.
8. T. v. Asilus, Empis.	8. A. v. Tenthredo.	8. P. v. Sphinx.
9. T. p. Tabanus.	9. A. p. Sirex.	9. P. p. Papilio.

III. Ordre. — Mouches entraillières.

VII. Tribu. — *M. intest.* Charançons.	VIII. Trib.—*M. veinières.* Cantharelles.	IX. Tr.—*M. pulmonières.* Escarbots.
1. Ch. sp. Curculio.	1. C. sp. Cantharis.	1. E. sp. Lampyris.
2. Ch. o. Attelabus.	2. C. o. Mordella.	2. E. o. Ptinus.
3. Ch. f. Bruchus.	3. C. f. Pyrochroa.	3. E. f. Elater, Bupreztis.
4. Ch. r. Bostrichus.	4. C. r. OEdemera.	4. E. r. Staphylinus.
5. Ch. f. Trogosita.	5. C. f. Lagria.	5. E. f. Carabus, Cicind.
6. Ch. m. Cucujus.	6. C. m. Cistela.	6. E. m. Dytiscus, Gyrinus.
7. Ch. int. Cassida.	7. C. int. Diaperis.	7. E. int. Coccinella.
8. Ch. v. Chrysomela.	8. C. v. Blaps.	8. E. v. Silpha, Dermest.
9. Ch. p. Cerambyx.	9. C. p. Tenebrio.	7. E. p. Scarabæus, Luc.

B. ANIMAUX A CHAIR.

IV. Degré. — Animaux a chair. Carniers.

X. Classe. — Ossiers.

POISSONS.

I. Ordre. — Poissons germiers.

I. Tribu.—*P. spermiers.* Anguilles.	II. Tribu. — *P. oviers.* Cépoles.	III. Tribu.—*P. fétiers.* Morues.
1. A. sp. Apterichthys.	1. C. sp. Lopothus.	1. M. sp. Pleuronectes.
2. A. o. Sphagebranch.	2. C. o. Gymnetrus.	2. M. o. Echeneis.
3. A. f. Synbranchus.	3. C. f. Regalecus.	3. M. f. Platycephalus.
4. A. r. Muræna.	4. C. r. Cepola.	4. M. r. Macrourus.
5. A. f. Anguilla.	5. C. f. Trachypterus.	5. M. f. Phycis.
6. A. m. Gymnotus.	6. C. m. Gymnogaster.	6. M. m. Gadus.
7. A. int. Ophidium.	7. C. int. Stylephorus.	7. M. int. Centronotus.
8. A. v. Leptocephalus.	8. C. v. Lepidopus.	8. M. v. Blennius.
9. A. p. Ammodytes.	9. C. p. Trichiurus.	9. M. p. Anarrhichas.

II. Ordre. — Poissons sexiers.

IV. Tribu. — *P. reiniers.* Boulereaux.	V. Trib. — *P. femelliers.* Maquereaux.	VI. Trib. — *P. masculiers.* Perches.
1. B. sp. Gobius.	1. M. sp. Chætodon.	1. P. sp. Otolithes.
2. B. o. Periophthalm.	2. M. o. Stromateus.	2. P. o. Sciæna.
3. B. f. Eleotris.	3. M. f. Eques.	3. P. f. Perca.
4. C. r. Comephorus.	4. M. r. Vomer.	4. P. r. Cichla.
5. B. f. Trichionotus.	5. M. f. Zeus.	5. P. f. Serranus, Bod.
6. B. m. Callionismus.	6. M. m. Cocyphæna.	6. P. m. Dentex.
7. B. int. Trachitus.	7. M. int. Rhynchobdella	7. P. int. Labrus.
8. B. v. Trigla.	8. M. v. Gasterosteus.	8. P. v. Scarus.
9. B. p. Lepisacanthus.	9. M. p. Scomber.	9. P. p. Sparus.

III. Ordre. — Poissons entrailliers.

VII. Tribu. — *P. intest.* Sclures.	VIII. Tribu. — *P. veiniers.* Brochets.	IX. Trib. — *P. pulmoniers.* Carpes.
1. S. sp. Cobitis.	1. B. sp. Antherina.	1. C. sp. Mullus.
2. S. o. Anableps.	2. B. o. Spiræna.	2. C. o. Mugil.
3. S. f. Pœcilia.	3. B. f. Polypterus.	3. C. f. — —
4. S. r. Pimelodes.	4. B. r. Erythrinus.	4. C. r. Clupea.
5. S. f. Malapterurus.	5. B. f. Lepisosteus.	5. C. f. Elops.
6. S. m. Silurus.	6. B. m. Esox.	6. C. m. Exocœtus.
7. S. int. Doras.	7. B. int. Sternoptyx.	7. C. int. Gonorhynchus.
8. S. v. Heterobranchus.	8. B. v. Gasteropelecus.	8. C. v. — —
9. S. p. Cataphractus.	9. B. p. Salmo.	9. C. p. Cyprinus.

IV. Ordre. — Poissons carniers.

X. Tribu. — *P. ossiers.* Baudroies.	XI. Trib. — *P. musculiers.* Fistulaires.	XII. Tribu. — *P. nerviers.* Esturgeons.
I. FAMILLE. B. Germières.	I. FAMILLE. F. germières.	I. FAMILLE. E. germières.
1. B. sp. Lepadogaster.	1. F. sp. Syngnathus.	1. E. sp. Balistes.
2. B. o. — —	2. F. o. — —	2. E. o. Triacanthus.
3. B. f. Cyclopterus.	3. F. f. Solenostoma.	3. E. f. Ostracion.
II. FAMILLE. B. sexières.	II. FAMILLE. F. sexières.	II. FAMILLE. E. sexiers.
4. B. r. Uranoscopus.	4. F. r. Pegasus.	4. E. r. Tetrodon.
5. B. f. Cottus.	5. F. f. — —	5. E. f. Diodon.
6. B. m. Batrachus.	6. F. m. — —	6. E. m. Orthragoriscus.
III. FAMILLE. B. entraillières.	III. FAMILLE. F. entraillières.	III. FAMILLE. E. entrailliers.
7. B. int. Tænionotus.	7. F. int. Fistularia.	7. E. int. Platystacus.
8. B. v. Synanceia.	8. F. v. Anlostoma.	8. E. v. Loricaria.
9. B. p. Scorpæna.	9. F. p. — —	9. E. p. Lepidoleprus.
IV. FAMILLE. B. carnières.	IV. FAMILLE. F. carnières.	IV. FAMILLE. E. carniers.
10. B. oss. Malthe.	10. P. oss. Centriscus.	10. E. oss. Polyodon.
11. B. musc. Antennarius.	11. F. musc. Amphisile.	11. E. musc. Acipenser.
12. B. nerv. Lophius.	12. F. nerv. Mormyrus.	12. E. nerv. Xiphias.

V. ORDRE. — XIII. *Tribu*. — POISSONS SENSIERS. SQUALES.

1. P. peaussier. Myxine.
3. P. nasier.   Chimæra.
2. P. languier. Petromyzon.
4. P. oreillier. Raja.
5. P. oculier. Squalus.

XI. CLASSE. — MUSCULIERS.

REPTILES.

I. ORDRE. — REPTILES GERMIERS.

I. TRIBU. — R. spermiers. Sirènes.		II. TRIBU. — R. oviers. Salamandres.		III. TRIBU. — R. féliers. Grenouilles.	
1. S. sp.	— —	1. S. sp.	— —	1. G. sp.	Rana parad.
2. S. o.	— —	2. S. o.	— —	2. G. o.	Rana.
3. S. f.	Siren.	3. S. f.	Triton.	3. G. f.	Hyla.
4. S. r.	Proteus.	4. S. r.	Salamandra.	4. G. r.	Bombina.
5. S. f.	— —	5. S. f.	— —	5. G. f.	Calamita.
6. S. m.	— —	6. S. m.	— —	6. G. m.	Bufo.
7. S. int.	Axolotl.	7. S. int.	Phyllurus.	7. G. int.	— —
8. S. v.	Salamandra gig.	8. S. v.	Uroplatus.	8. G. v.	— —
9. S. p.	Salam. fossilis.	9. S. p.	Caudiverbera.	9. G. p.	Pipa.

II. ORDRE. — REPTILES SEXIERS.

IV. TRIBU. — R. reiniers. Hydres.		V. TRIBU. — R. femelliers. Vipères.		VI. TRIB. — R. masculiers. Couleuvres.	
1. H. sp.	Chersydrus.	1. V. sp.	Langaha.	1. C. sp.	Acrochordus.
2. H. o.	Hydrus.	2. V. o.	Scytale.	2. C. o.	Erix.
3. H. f.	Hydrophis.	3. V. f.	Acanthophis.	3. C. f.	Herpeton.
4. H. r.	— —	4. V. r.	Elaps.	4. C. r.	Dipsas.
5. H. f.	— — —	5. V. f.	Vipera.	5. C. f.	— —
6. H. m.	Platurus.	6. V. m.	Naja.	6. C. m.	Coluber.
7. H. int.	Trimeresurus.	7. V. int.	Trigonocephal.	7. C. int.	— —
8. H. v.	Pseudoboa.	8. V. v.	— —	8. C. v.	Boa.
9. H. p.	— —	9. V. p.	Crotalus.	9. C. b.	Draco.

III. ORDRE. — REPTILES ENTRAILLIERS.

VII. TRIBU. — R. intestin. Amphisbènes.		VIII. TRIBU. — R. veiniers. Orvets.		IX. TRIB. — R. pulmoniers. Scinques.	
1. A. sp.	Cæcilia.	1. O. sp.	Typhlops.	1. S. sp.	Ophysaurus.
2. A. o.	— —	2. O. o.	— —	2. S. o.	— —
3. A. f.	— —	3. O. f.	— —	3. S. f.	— —
4. A. r.	— —	4. O. r.	— —	4. S. r.	Ripés.
5. A. f.	— —	5. O. f.	Acontias.	5. S. f.	Lepidopus.
6. A. m.	Amphisbœna.	6. O. m.	Anguis.	6. S. m.	Apus.
7. A. int.	— —	7. O. int.	— —	7. S. int.	Zygnis, Seps.
8. A. v.	Propus.	8. O. v.	— —	8. S. v.	— —
9. A. p.	Seps, Chalchis.	9. O. p.	Anilius, Tortrix.	9. S. p.	Scincus.

IV. Ordre. — Reptiles carniers.

X. Tribu. — *R. ossiers.* Stellions.	XI. Trib. — *R. musculiers.* Iguanes.	XII. Tribu. — *R. nerviers.* Lézards.
1. St. sp. Phyllurus.	1. I. sp. — —	1. L. sp. Stellio spinip.
2. St. o. Uroplatus.	2. I. o. Anolis.	2. L. o. Lacerta, Stell.
3. St. f. Stellio Hassel.	3. I. f. Polychrus.	5. L. f. Cordylus.
4. St. r. Stellio.	4. I. r. Iguana.	4. L. r. Tachydromus.
5. St. f. Tockaie.	5. I. f. Basiliscus.	5. L. f. Lacerta
6. St. m. St. perfoliatus.	6. I. m. — —	6. L. m. Ameiva.
7. St. int. — —	7. I. int. Lophyrus.	7. L. int. Monitor amer.
8. St. v. — —	8. I. v. Trapelus.	8. L. v. Monitor nilot.
9. St. p. Chamæleo.	9. I. p. Agama.	9. L. p. Dracæna.
10. St. oss. — —	10. I. o. — —	10. L. o. Gavial.
11. St. musc. — —	11. I. m. — —	11. L. m. Crocodilus.
12. St. nerv. Pterodactylus	12. I. n. Lacerta volans.	12. L. n. Alligator.

V. Ordre. — XIII. *Tribu.* — Reptiles sensiers. Tortues.

1. R. peaussier. Chelonia. 2. R. languier. Trionyx.
5. R. nasier. Chelys. 4. R. oreillier. Emys.
5. R. oculier. Tertudo.

XII. CLASSE. — NERVIERS.

OISEAUX.

I. Ordre. — Oiseaux germiers.

I. Tribu. — *O. spermiers.* Grimpereaux.	II. Tribu. — *O. oviers.* Grimpeurs.	III. Tribu. — *O. féliers.* Perroquets.
1. G. sp. Trochylus.	1. G. sp. Jynx.	1. P. sp. Phitotoma.
2. G. o. Certhia.	2. G. o. Picus.	2. P. o. Prionites.
3. G. f. Upupa.	3. G. f. Galbula.	3. P. f. Buceros.
4. G. r. Sitta.	4. G. r. Indicator.	4. P. r. Scythrops.
5. G. f. Xenops.	5. G. f. Cuculus.	5. P. f. Pteroglossus.
6. G. m. Dendrocolaptes	6. G. m. Centropus.	6. P. m. Ramphastos.
7. G. int. Todus.	7. G. int. Trogon.	7. P. int. Crotophaga.
8. G. v. Merops.	8. G. v. Bucco.	8. P. v. Corythaix.
9. G. p. Alcedo.	9. G. p. Po‗onias.	9. P. p. Psittacus.

II. Ordre. — Oiseaux sexiers.

IV. Tribu. — *O. reiniers.* Passereaux.	V. Tribu. — *O. femell.* Mésanges.	VI. Tribu. — *O. mascul.* Corbeaux.
1. P. sp. Crucirostra.	1. P. sp. Parus.	1. C. sp. Paradisea.
2. P. o. Corythus.	2. P. o. Pipra.	2. C. o. Eulabes.
3. P. f. Ploceus.	3. P. f. Tanyara.	3. C. f. Temia.
4. P. r. Tringilla.	4. P. r. Buphaga.	4. C. r. Edolyus.
5. P. f. Loxia.	5. P. f. Colius.	5. C. f. Gymnodorus.
6. P. m. Vidua.	6. P. m. Callæas.	6. C. m. Cephalopterus.
7. P. int. Emberiza.	7. P. int. Ampelis.	7. C. int. Pyrrhocorax.
8. P. v. Alauda.	8. P. v. Querula.	8. C. v. Coracias.
9. P. p. Columba.	9. P. p. Rupicola.	9. C. p. Corvus.

III. Ordre. — Oiseaux entrailliers.

VII. Tribu. — *O. intest.* Merles.	VIII. Tribu. — *O. veiniers.* Fauvettes.	IX. Tribu. — *O. pulmon.* Faucons.
1. M. sp. Dacnis.	1. F. sp. Ficedula.	1. F. sp. Hirundo.
2. M. o. Cinclus.	2. F. o. Motacilla.	2. F. o. Tersa.
3. M. f. Sturnus.	3. F. f. Anthus.	3. F. f. Procnias.
4. M. r. Oriolus.	4. F. r. Sylvia.	4. F. r. Gymnocephal.
5. M. f. Icterus.	5. F. f. Accentor.	5. F. m. Caprimulgus.
6. M. m. Cassicus.	6. F. m. Saxicola.	6. F. int. Strix.
7. M. int. Gracula.	7. F. int. Muscipeta.	7. F. v. Lanius.
8. M. v. Turdus.	8. F. v. Muscicapa.	8. F. p. Falco.
9. M. p. Menura.	9. F. p. Tyrannus.	9. F. v. Vultur.

IV. Ordre. — Oiseaux carniers.

X. Tribu. — *O. ossiers.* Canards.	XI. Tribu. — *O. muscul.* Hérons.	XII. Tribu. — *O. nerviers.* Poules.
1. C. sp. Colymbus.	1. H. sp. Recurvirostra.	1. P. sp. Fulica.
2. C. o. Aptenodytes.	2. H. o. Tringa.	2. P. o. Glareola.
3. C. f. Alca.	3. H. f. Scolopax.	3. P. f. Crypturus.
4. C. r. Rhynchops.	4. H. r. Numenius.	4. P. r. Tetrao.
5. C. f. Larus.	5. H. f. Ibis.	5. P. f. Meleagr., Num.
6. C. m. Diomedea, Pr.	6. H. m. Tantalus.	6. P. m. Crax.
7. C. int. Plotus.	7. H. int. Parra.	7. P. int. Phasianus.
8. C. v. Phæton.	8. H. v. Rallus, Euryp.	8. P. v. Pavo.
9. C. p. Pelecanus.	9. H. p. Ardea.	9. P. p. Gallopavo.
10. C. o. Mergus.	10. H. o. Scopus.	10. P. o. Palamedea.
11. C. m. Anas.	11. H. m. Cancroma.	11. P. m. Dicholophus.
12. C. n. Phœnicopterus.	12. H. n. Platalea.	12. P. n. Psophia.

V. Ordre. — XIII. *Tribu.* — Oiseaux sensiers. Outardes.

1. O. peaussier. Hœmatopus.   2. O. languier. Charadrius.
3. O. nasier.   Otis.   4. O. oreillier. Cela.
5. O. oculier. Struthio.

V. DEGRÉ. — ANIMAUX A SENS.

XIII. CLASSE. SENSIERS.

Mammifères.

I. Ordre. — Mammifères germiers. Pattiers.

I. Tribu. *M. spermiers.* Marmottes.	II. Tribu. *M. oviers.* Rats.	III. Tribu. *M. fétiers.* Lièvres.
1. M. peauss. Spalax.	1. R. p. Mus.	1. L. p. Cheiromys.
2. M. lang. Bathyergus.	2. R. l. Hypudæus.	2. L. l. Sciurus, Glis.
3. M. nasière. Arctomys.	3. R. n. Loncheres.	3. L. n. Hystrix.
4. M. oreill. Dasyprocta.	4. R. or. Hydromys.	4. L. or. Lepus.
5. M. ocul. Cavia.	5. R. oc. Castor.	5. L. oc. Dipus, Pedetes.

II. ORDRE. — MAMMIFÈRES SEXIERS. SOLIERS.

IV. TRIBU. — *M. reiniers.* Musettes.	V. TRIBU. — *M. femell.* Taupes.	VI. TRIBU. — *M. masc.* Phalangers.
1. M. peauss. Chrysochlor.	1. T. p. Condylura.	1. Ph. p. Balanthia.
2. M. lang. Scalops.	2. T. l. Talpa.	2. Ph. l. Petaurus.
3. M. nasier. Mygale.	3. T. n. Centetes.	3. Ph. n. Phascolomys.
4. M. oreill. Sorex.	4. T. or. Thylax.	4. Ph. or. Koala.
5. M. ocul. Erinaceus.	5. T. oc. Didelph., D. D.	5. Ph. oc. Halmat., Hyps.

III. ORDRE. — MAMMIFÈRES ENTRAILLIERS. GRIFFIERS.

VII. TRIBU. — *M. intest.* Bécards.	VIII. TRIBU. — *M. vein.* Fourmilliers.	IX. TRIBU. — *M. pulmon.* Tardigrades.
1. B. peauss. Ornithorhyn.	1. F. p. Pamphractus.	1. T. p. Bradypus.
2. B. lang. Tachyglossus	2. F. l. Manis.	2. T. l. Cholœpus.
3. B. nasier. — —	3. F. n. Myrmecophaga.	3. T. n. Megatherium.
4. B. oreillier. — — —	4. F. o. Orycteropus.	4. T. o. — —
5. B. oculier. — —	5. F. oc. Dasypus.	5. T. oc. Hyrax.

IV. ORDRE. — MAMMIFÈRES CARNIERS. SABOTIERS.

X. TRIBU. — *M. ossiers.* Balcines.	XI. TRIBU. — *M. musc.* Ruminans.	XII. TRIBU. — *M. nerv.* Chevaux.
1. B. p. Balœna.	1. R. p. Bos, Capra, Ant.	1. Ch. p. Sus, Tapir.
2. B. l. Physeter.	2. R. l. Moschus.	2. Ch. l. Hippopotamus.
3. B. n. Monodon.	3. R. n. Cervus.	3. Ch. n. Elephas.
4. B. o. Delphinus.	4. R. or. Orasius.	4. Ch. o. Rhinoceros.
5. B. oc. Manatus.	5. R. oc. Camelus.	5. Ch. oc. Equus.

V. ORDRE. — MAMMIFÈRES SENSIERS. ONGULIERS.

XIII. TRIBU. — *M. peauss.* Ours.	XIV. TRIBU. — *M. lang.* Chiens.	XV. TRIBU. — *M. nasier.* Vespertilion.
1. O. p. Trichechus.	1. Ch. p. Mustela.	1. V. p. Vespertilio, etc.
2. O. l. Phoca.	2. Ch. l. Canis.	2. V. l. Phyllostoma.
3. O. n. Nasua, Procyon.	3. Ch. n. Viverra.	3. V. n. Rhinolophus, etc.
4. O. o. Meles, Mephit.	4. Ch. or. Hyæna.	4. V. o. Dysopes, etc.
5. O. oc. Ursus.	5. Ch. oc. Felis.	5. V. oc. Pteropus.

XVI. TRIBU. — M. OREILLIERS. SINGES.

1. S. peaussier. Galeopithecus.
2. S. languier. Lemur.
3. S. nasier. Stenops, Lichanotus.
4. S. oreillier. Otolichnus, Tarsius.
5. S. oculier. Simia.

XVII. Tribu. — M. oculiers. Hommes.

1. Race. *Homme peaussier.* Le noir.
2. Race. *Homme languier.* Le brun.
3. Race. *Homme nasier.* Le rouge.
4. Race. *Homme oreillier.* Le jaune.
5. Race. *Homme oculier.* Le blanc.

De l'imprimerie de L.-T. CELLOT, rue du Colombier, n° 30.

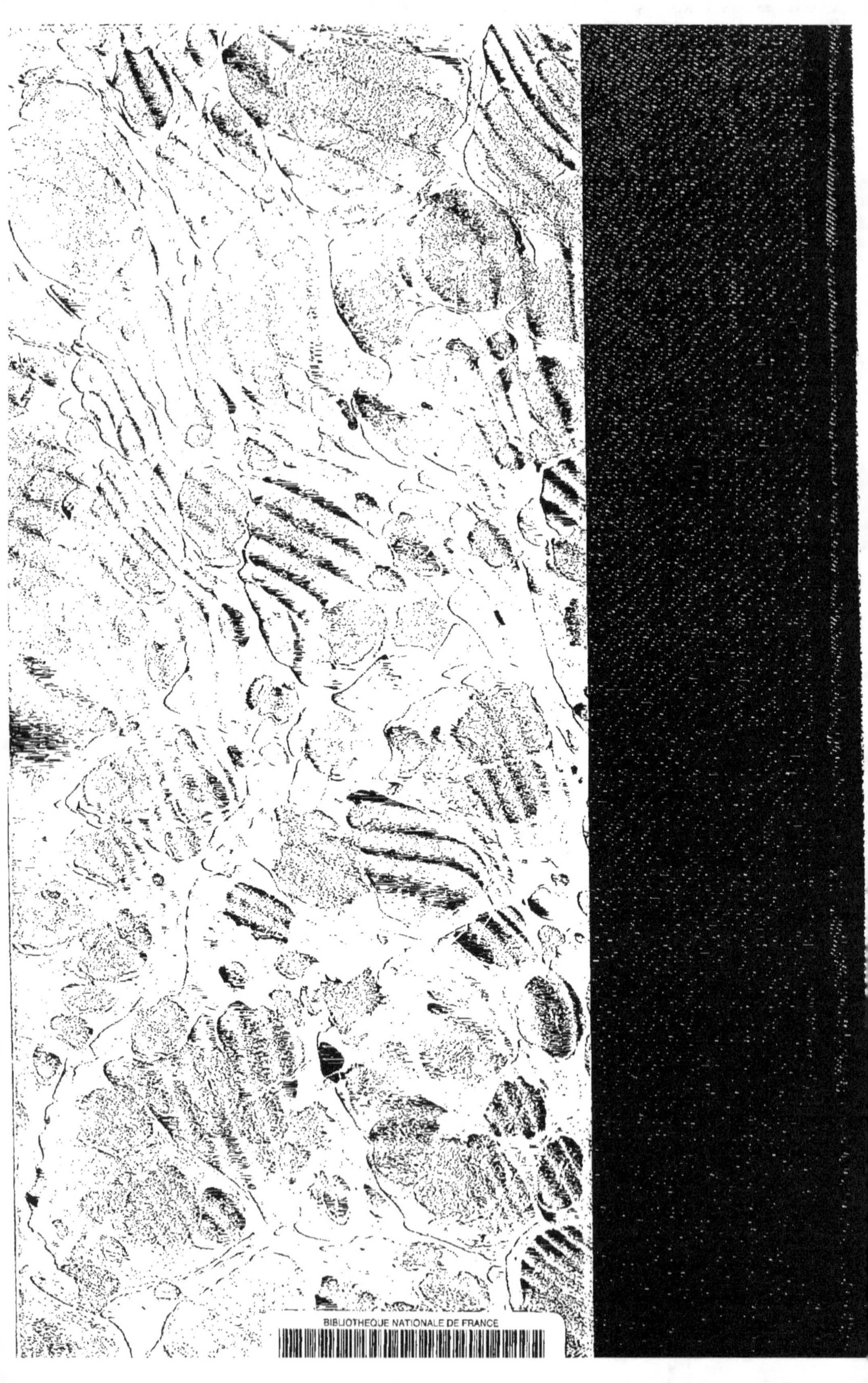